わかる基礎入門シリーズ

図解
ゼロからわかる
機械力学入門

小峯龍男＝著

技術評論社

はじめに

　本書「ゼロからわかる機械力学入門」は、はじめて機械力学に触れる初学者の方を対象とする入門書として構成しました。
読者の皆さんが、小中学校で学んだ力や運動などに関する古典的なニュートン力学と、算数、数学をもとにして、機械と力学の関係を説明するように注意しています。

　本書では、第1章で、本書を読んでいただくのにあらかじめ必要な事柄を紹介しています。第2章は、力学で活用するベクトルを紹介しました。
第3章以降では、計算式が多くなります。数式は代数展開と三角関数の範囲で、途中式をできるだけ明らかにするように努めたので、考え方を追ってください。

　例題と練習問題があります。違いは、練習問題は、できるだけ問題を見開きの左ページ、解答を右ページに分けて、解答部分を隠して問題を考えることができるようにしたことです。

　学校教育のカリキュラムでは、工学へのアプローチが極めて少なく、力学は、自然科学の物理で学習します。

　工学と自然科学では、根本的に大きく異なる点があると考えます。

　「探求するのが科学者、創り出すのが技術者」流体工学で偉大な業績を残し、航空工学の父と称されたセオドア・フォン・カルマンの言葉です。ひとつの現象を見るときに、科学は原因を探り、技術は目的を考える、という根本的に正反対な姿勢の違いを表しています。

　ですから、機械力学と物理力学では、同じ事柄でも異なる扱い方をする場合があり、この点が初学者の戸惑いを生むこともあります。

　具体的な例では、エレベータの上昇下降における力の扱い方です。

　機械力学では、多くの場合、エレベータに乗っている人を基準として、その人に働く力、その人の重力とその人の慣性力のつり合いを考えます。

　機械工学は、歴史的に力を基本の量として力のつり合いや物体の運動を考え、力や運動を観察する基準点を、運動する物体に置くことが一般的でした。

理科では、地上などエレベータの外部に基準を置いて、その人の質量に運動をさせる外力の働きとして問題を考えます。ここには、機械力学で考える慣性力という考え方はなく、慣性力を見かけの力と呼んでいます。

　物理では、質量を基本量として、物体の運動を物体外部の固定点から観察することを基本としています。

　本書のテーマである機械力学は、材料力学、流体力学、熱力学とあわせて機械工学における4大力学と呼ばれる基礎的な分野のひとつです。

　筆者は、40年以前の学生時代に「工学とは、ものをつくるための技術を体系化した科学であり、機械工学は土木工学とともに最も歴史のある工学である」そして、「18世紀ヨーロッパの産業革命は、水車から始まった」と恩師から教授されました。

　水車、蒸気機関、鉄道、船舶……と、ものをつくるための技術が進むと同時に、機械工学が細分化、体系化されたとき、壊れない機械をつくるために、材料の強弱を扱う材料力学が完成されました。

　次に、蒸気機関の回転動力を複数の機械に伝えるための、長尺の伝動軸の振動によって起きる破損や事故を解決するために、材料の強弱を扱う材料力学から、機械の運動を扱う機械力学が独立したといわれます。

　つまり、機械力学の大きな目的として、機械の振動が挙げられます。

　しかし、機械の振動を正しく理解するには、冒頭で述べた、本書で扱う算数、数学の範囲を超えた解析力が必要になるため、本書では扱っていません。

　読者の皆さんが入門書を理解し、次のステップへ進む段階で、これらの分野へ挑戦していただければと考えます。本書がその一助になれば幸いです。

　末筆になりますが、本書の出版にあたり、技術評論社の冨田裕一氏をはじめ、編集部の皆様に大変お世話になりました。心より感謝いたします。

2016年12月

小峯 龍男

目次

はじめに ii

第1章 機械力学のはじめに　　1

- 1-1　機械力学 2
- 1-2　ベクトル 4
- 1-3　量とSI単位 6
- 1-4　力 8
- 1-5　力と質量と重力 10
- 1-6　質点と剛体 12
- 1-7　剛体のつり合い 14
- 1-8　質点の運動 16
- 1-9　ニュートンの運動の三法則 18
- 1-10　慣性力 20
- 1-11　向心力と遠心力 22
- 1-12　運動量と力積 24
- 1-13　仕事と動力 26
- 1-14　力学的エネルギー 28
- 1-15　運動エネルギーと運動量 30
- 1-16　機構と運動 32
- 1-17　三角関数と逆三角関数 34
- 1-18　rad（弧度法） 36
- 1-19　三角関数の公式など 38
- column　運動方程式 40

第2章 ベクトルの合成と分解　　41

- 2-1　ベクトルの種類と移動 42
- 2-2　一点に集まるベクトルの合成 44
- 2-3　2つのベクトルの合成計算 48

2-4	力のベクトルの平行移動	50
2-5	ベクトルの分解	52
2-6	複数のベクトルの合成計算	54
練習問題	ベクトルの分解と合成	56
column	ベクトルの始点	58

第3章 力のつり合い　59

3-1	いろいろな力	60
3-2	一点に働く力のつり合い	62
3-3	二点に働く力の合力	66
3-4	二点に働く力の合力の計算	68
練習問題	力のつり合い	70
3-5	力のモーメント	74
3-6	偶力のモーメント	76
3-7	力のモーメントのつり合い	78
3-8	はりの支点反力	80
練習問題	力のモーメント	82
3-9	剛体のつり合い	86
3-10	重心	92
3-11	図心と重心の位置	94
3-12	図心と穴部品の重心	96
3-13	立体の重心を求める	98
3-14	重心を測る	100
練習問題	重心	102
column	力のつり合いを考えるコツ	106

第4章 物体の運動　107

4-1	位置と変位	108
4-2	速さと速度	110
4-3	平均速度と瞬間速度	112
4-4	相対速度	114

4-5	等速度運動	118
練習問題	等速度運動	118
4-6	加速度	120
4-7	等加速度運動	122
練習問題	等加速度運動	126
4-8	変位、速度、加速度	128
4-9	落体の運動	130
練習問題	落体の運動	134
4-10	放物運動	136
練習問題	放物運動	140
4-11	回転運動の速度	142
4-12	回転運動の回転数	144
4-13	角加速度	146
練習問題	回転運動	147
column	変位と負の加速度など	148

第5章 力と運動　　149

5-1	力と直線運動の変化	150
5-2	力と運動の法則	152
5-3	慣性力	154
練習問題	力と直線運動	156
5-4	作用・反作用	158
練習問題	作用・反作用	162
5-5	力と円運動	164
練習問題	力と円運動	168
5-6	運動量と力積	170
練習問題	運動量と力積	172
5-7	運動量保存の法則	174
5-8	反発係数と衝突	176
練習問題	運動量保存の法則と衝突	182
5-9	摩擦力	184
5-10	すべり摩擦	186

5-11	ころがり摩擦	192
5-12	ころがり抵抗	194
練習問題	摩擦力	196
column	慣性力	198

第6章 仕事とエネルギー　199

6-1	仕事	200
6-2	動力	202
練習問題	仕事・動力	204
6-3	力学的エネルギーと仕事	206
6-4	力学的エネルギー保存の法則	208
練習問題	エネルギー	210
6-5	エネルギー保存の法則	212
6-6	運動量と運動エネルギー	214
6-7	機械の効率	218
練習問題	エネルギー保存の法則と機械の効率	220
6-8	てこと輪軸の仕事	222
6-9	つり合う滑車	224
6-10	滑車の運動	228
練習問題	てこ・輪軸・滑車	230
6-11	斜面の仕事	232
6-12	ねじと角ねじの効率	236
6-13	角ねじと三角ねじ	238
6-14	ねじを回す力	240
6-15	ねじの自立と効率	242
練習問題	斜面・ねじ	244
column	思考実験	246

第7章 機械の運動　247

| 7-1 | 回転体と慣性モーメント | 248 |
| 7-2 | 角運動量とトルク | 250 |

7-3	等角加速度運動	252
練習問題	慣性モーメント	254
7-4	4節リンク機構の運動	256
7-5	クランク—レバ機構	258
7-6	スライダークランク機構	260
練習問題	4節リンク機構	264
7-7	機械と流体	266
7-8	パスカルの原理と仕事	268
7-9	流体の運動とベルヌーイの定理	270
7-10	遠心力を利用したポンプ	272
練習問題	機械と流体	274
column	機械をつくるための機械力学	276

索引 277

第1章
機械力学のはじめに

第1章は、ざっと通読していただいて、本書で扱う機械力学のイメージをつかんでいただくことを目的としています。そして、皆さんが本書を読み進めていく上で、あらかじめ知っておいてほしい事柄をまとめています。

- **1-1** 機械力学
- **1-2** ベクトル
- **1-3** 量とSI単位
- **1-4** 力
- **1-5** 力と質量と重力
- **1-6** 質点と剛体
- **1-7** 剛体のつり合い
- **1-8** 質点の運動
- **1-9** ニュートンの運動の三法則
- **1-10** 慣性力
- **1-11** 向心力と遠心力
- **1-12** 運動量と力積
- **1-13** 仕事と動力
- **1-14** 力学的エネルギー
- **1-15** 運動エネルギーと運動量
- **1-16** 機構と運動
- **1-17** 三角関数と逆三角関数
- **1-18** rad（弧度法）
- **1-19** 三角関数の公式など

column●運動方程式

1-1 機械力学

機械を構成する各部分における力、運動、仕事などを考える分野を機械力学と呼びます。

物体の運動

機械力学の基本は、皆さんが小学校から学んだ古典力学とも呼ばれるニュートン力学です。そして、機械力学の特徴は、機械の各部分における力や運動や仕事などの現象とニュートン力学を関連させて考えることです。

自動車は、私たちに一番身近で代表的な機械です。自動車のエンジン性能や走行性能や構造を観察すれば、自動車に関する力学を考えることができます。

しかし、走る自動車の運動を時間と距離だけについて考える場合は、自動車は機械としてではなく、運動する物体として考えられます。

ということは、機械の代表ともいえる自動車だけでなく、自転車や走る人でも同じように物体の運動として考えることができるということです。

機械のしくみと力学

自動車を機械として考えて、機械力学の特徴である、機械の各部分における力学を考えるには、自動車のしくみを知ることが必要です。

機械の運動に必要な機械内部のしくみを**機構**と呼び、機構を扱う分野を機構学と呼びます。ですから、機械力学では機構学の知識が必要となります。

自動車には多くの部品と、それらを組み合わせた機構が使われています。自動車を動かすために燃料のもつエネルギーから部品の運動をつくりだすエンジンや、自動車が安定して走れるように自動車全体を支えるサスペンションは、機構の例です。

これから機械力学を学ぼうという方が、このような各部分における力学をいきなり考えることはできません。

そこで、本書ではニュートン力学のうち、機械力学の基礎となる事柄を説明してから、機械と力学の関連を学ぶように考えています。

図●物体の運動

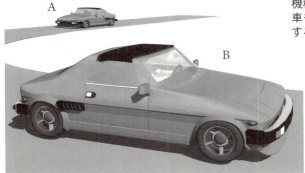

機械の代表ともいえる自動車も点Aから点Bまで運動する物体と考えられる。

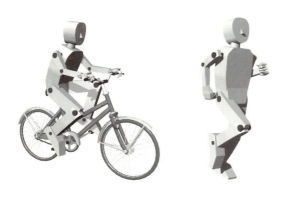

時間と距離だけについて考えると、自動車も自転車も人間も物体の運動になる。

図●機械のしくみ

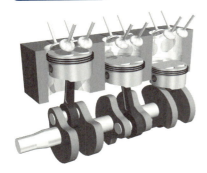

燃料のエネルギーを機械の回転に変換するエンジン

自動車全体を支えるサスペンション

1-2 ベクトル

機械力学の問題は、力や運動を矢印で表して考えることが一般的です。矢印で表すことのできる量を**ベクトル**と呼びます。

ベクトル量とスカラー量

機械力学で扱う量の多くは、実際に測定してその大きさを示す数値にそれぞれの量に適した単位を付けて表すことができます。このような量を**物理量**と呼びます。物理量は、次のように大きく2つに分けられます。

- **ベクトル量** 物体に与える力や物体の運動を正しく表すには、その「大きさ」と「向き」という異なる2つの性質が必要です。このように、異なる性質を組み合わせなければ表すことのできない量をベクトル量、一般にベクトルと呼びます。ベクトルは矢印で表すことができます。
- **スカラー量** 身長は、測った量の「大きさ」を示す数値に長さの単位cmを付けて正確に表すことができます。このように1つだけの性質で表すことのできる量をスカラー量またはスカラーと呼びます。

図●ベクトル量とスカラー量

●ベクトル量
矢印を描くと、壁を押す力の大きさと向きがわかる。

●スカラー量
測った量に長さの単位を付ければ身長がわかる。

◎ ベクトルの表し方

本書では、力や運動を視覚的に見せる概略図ではデザイン的な矢印を使いますが、厳密にベクトルを表すときは線状の矢印を使います。

ベクトルを表す矢印は、矢印の長さが量の大きさを表し、始点から終点へ向かう矢の向きがベクトルの向きを表します。矢印線はベクトルの方向を示します。

向きと方向を使い分けています。向きは、1つの矢印で示します（「→」：南向き、上向き、下向き、x軸の正の向き）。方向は、2つの矢印で示します（「←→」：南北方向、上下方向・垂直方向、x軸方向）。

ベクトルの呼び方には、扱う分野によっていくつかの方法があります。本書では、ベクトルA、ベクトルBCのように呼びます。

矢印を使って複数の関連するベクトルを同時に表す場合には、矢印の長さを比例させるように注意しましょう。

図●ベクトルの表し方

●デザイン的な矢印

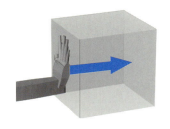

●ベクトルの大きさと向き

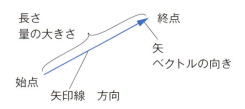

●ベクトルの名前と比例関係

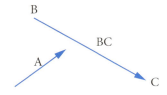

2つのベクトルの名前をA、BCとする。BCは、Aの2倍の長さで描いてある。このとき、BCはAの2倍の大きさをもつ量を表す。

1-3 量とSI単位

機械力学では多くの量の計算を行います。計算で得た数値は単位を付けることで、意味のある量になります。単位にはSI単位と呼ばれる単位を使います。

工業量

機械部品には、材質や寸法だけでなく、表面の硬さ、うねり、粗さなどの性状が必要とされます。機械力学でこれらの性状を直接扱うことはありませんが、機械の組み立てや運動に関係する重要な量です。このような量は、物理量とは異なる個別の測定方法によって決められる**工業量**と呼ばれます。

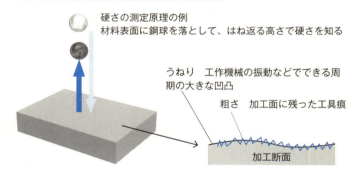

図●表面の硬さ、うねり、粗さのイメージ

SI単位

SI単位は、SIと略される「**国際単位系**」という世界共通の単位で、7つのSI基本単位（表1）をもちます。機械力学でおもに使う単位は、長さ、質量、時間です。

基本単位をもとに決めたSI組立単位（表2）、固有の名称をもつSI組立単位（表3）、単位の中に固有の名称と記号を含むSI組立単位（表4）、桁数の大きな値や小さな値を10の整数乗倍で表すSI接頭語（表5）などを決めています。

表1 ● SI基本単位

基本量	名称	記号
長さ	メートル	m
質量	キログラム	kg
時間	秒	s

基本量	名称	記号
電流	アンペア	A
熱力学温度	ケルビン	K
物質量	モル	mol
光度	カンデラ	cd

表2 ● SI組立単位の例

組立量	名称	記号
面積	平方メートル	m^2
体積	立方メートル	m^3

組立量	名称	記号
速さ、速度	メートル毎秒	m/s
加速度	メートル毎秒毎秒	m/s^2

表3 ● 固有の名称をもつSI組立単位の例

組立量	名称	記号	他のSI単位による表し方	SI基本単位による表し方
平面角	ラジアン	rad		m/m
力	ニュートン	N		$m\ kg\ s^{-2}$
圧力、応力	パスカル	Pa	N/m^2	$m^{-1}\ kg\ s^{-2}$
エネルギー、仕事	ジュール	J	N m	$m^2\ kg\ s^{-2}$
仕事率、工率	ワット	W	J/s	$m^2\ kg\ s^{-3}$

このように見ます

$$m\ kg\ s^{-2}$$
$$= kg\ m\ s^{-2}$$
$$= kg\ m\ \frac{1}{s^2}$$
$$= kg\ m/s^2$$

力 = 質量 × 加速度

表4 ● 単位の中に固有の名称と記号を含むSI組立単位の例

組立量	名称	記号
力のモーメント	ニュートンメートル	N m
角速度	ラジアン毎秒	rad/s

表5 ● SI接頭語の例

乗数	名称	記号
10^1	デカ	da
10^2	ヘクト	h
10^3	キロ	k
10^6	メガ	M
10^9	ギガ	G

乗数	名称	記号
10^{-1}	デシ	d
10^{-2}	センチ	c
10^{-3}	ミリ	m
10^{-6}	マイクロ	μ
10^{-9}	ナノ	n

例題1 速さ 40km/h を m/s へ

$$40\ km/h$$

km を m に / 1時間を3600秒に

$$= 40 \times 10^3\ m\ /\ 3600\ s$$
$$= 40 \times 1000\ m\ /\ 3600\ s$$
$$= 11.1\ m/s$$

例題2 気圧 1000 hPa を kPa へ

$$1000\ hPa$$

hPa を Pa に

$$= 1000 \times 10^2\ Pa$$

Pa を kPa に

$$= 1000 \times 10^2 \div 10^3\ kPa$$
$$= 100\ kPa$$

力は、機械力学で扱う代表的なベクトルで、物体が自然であろうとする状態に変化を与える作用をもちます。

力のベクトル

力はベクトルです。ベクトルの要素である「大きさ」と「向き」に力が作用する点である「作用点」（着力点）を加えて、**力の三要素**と呼びます。

作用点は、矢印の始点とします。本書で、特に作用点を強調するときには○印で表します。

物体に外部から作用する力を**外力**と呼びます。本書では、外力の記号に F を使います。力の単位はN（ニュートン）です。

図●力のベクトル

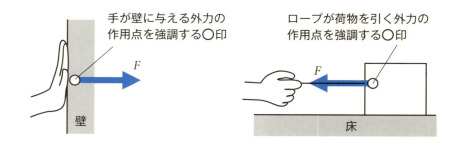

⚙ 力の作用

　力は、直接目で見ることはできません。しかし、物体の形が変化したり、物体の運動の状態が変わったとき、私たちは、力の作用を理解できるはずです。

　空き缶を強く握ってつぶすとき、物体の形状を変化させる力が働きます。ころがってきたボールを蹴れば、物体の運動を変化させる力が働きます。このように接触する物体間で働く力を**接触力**と呼びます。

　天井からつるしたペンダントライトや机に置いたパソコンや本などは、重力の作用で落ちようとしているはずです。しかし、自然であろうとする物体に天井や机が重力に反する上向きの接触力を与えて、静止状態を保っているのです。重力は地球と物体の離れた間で働く力なので、接触力に対して**遠隔力**と呼ばれます。

図●力の作用

●力は物体の形状を変化させる

●力は物体の運動を変化させる　　　●力は物体の静止状態を保つ

1-5 力と質量と重力

力学の基本となる質量と重力を知りましょう。機械力学で実用的な問題を考える場合の重量、または重さという言葉の意味を考えます。

力と質量

物体は、現在の運動状態を保とうとする**慣性**をもち、外力を受けて運動状態が変化するときには、変化に対する抵抗力が生じます。質量は慣性の大きさを示す物体固有のスカラー量で、SI（国際単位系）の基本量です。

水平な床に置いた質量の異なる2つのボールに、水平で等しい力Fを与えると質量の小さなボールの方が、運動状態の変化に対する慣性が小さいので、勢いよく動き出します。運動が変化する度合いを示す量を**加速度**と呼びます。加速度はベクトル量なので、矢印で表すことができます。

力F、物体の質量m、加速度aとすれば、$F=ma$として表され、「力1Nは、質量1kgの物体に1 m/s^{2}の加速度を与える大きさ」と定義されます。

図●力と質量

同じ力では、質量の小さなボールの方が、運動状態の変化が大きい

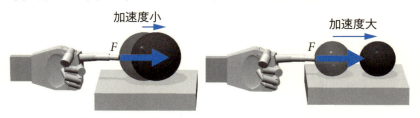

力の定義

$F = ma$
$1\,\text{N} = 1\,\text{kg} \times 1\,\text{m/s}^2$

F　力[N]
m　物体の質量[kg]
a　加速度[m/s^2]

◎ 質量と重力

地球上では、すべての物体が地球に向かって引き寄せられる力を受けています。この力を**重力**と呼び、物体の質量に比例する大きさをもつ、鉛直下向きのベクトル量です。重力が物体に与える加速度を**重力加速度** g として表します。

重力加速度は、場所によって異なるので、重力は物体固有の量ではありません。

重力 F、物体の質量 m、重力加速度 g として、$F = mg$ と表します。一般の計算では、$g = 9.8 \text{ m/s}^2$ とします。

図●質量と重力

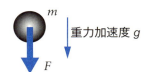

F　物体に働く重力 [N]
m　物体の質量 [kg]
g　重力加速度 [9.8 m/s^2]

◎ 重力と重量

本書では、重量または重さという言葉を「物体に働く重力が他の物体に与える力」という意味で使います。重量は、力なので矢印で表し、記号 W を使います。重量 W の大きさは、重力 F と等しいので、$W = mg$ とします。

1リットルの水の質量を1 kgとすると重量は、$W = mg = 1 \text{ kg} \times 9.8 \text{ m/s}^2 = 9.8 \text{ N}$ です。

図●重力と重量

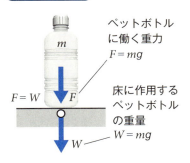
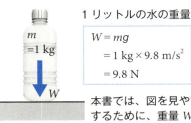

本書では、図を見やすくするために、重量 W をこのように簡略化することがあります。

1-6 質点と剛体

　機械力学で物体の運動や力を扱うとき、物体を理想的な状態にして考えます。**質点**と**剛体**という用語に慣れましょう。

質点

　前節1-5の力とボールの運動の説明では、ボールの質量だけを見て、大きさ、形、ころがりやすさなどを考えていません。このように物体の運動を理想化して考えるとき、物体の全質量を集中させて、物体を代表すると考えられる、質量だけをもつ仮想の点を考えます。これを**質点**と呼びます。

　本書で例題として考えるボール、自動車、電車、おもりなどの運動で、状態の変化だけを見るならば、それらの物体の大きさや形は必要としないので、それぞれの物体を質点に置き換えて考えることができます。

図●質点

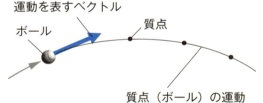

投げたボールが重力以外の力を受けずに理想的な運動を行うと考えるとき、ボールの大きさや形に関係しない質点の運動として考える。

剛体

機械力学では、外力を受けた部品の運動や、運動する部品が他の部品へ与える力など、物体の力と運動を考えます。もし、機械を構成する部品が力によって変形してしまうと、力と運動の関係を限定できません。そこで、機械力学では、力を受けても変形しない仮想の物体を考えます。これを**剛体**と呼びます。

図●剛体

エンジンは、ピストンが受けた燃料のエネルギーを連接棒を介してクランクの回転へ変換する。それぞれの部品を変形しない剛体として考える。

質点と剛体に作用するベクトル

質点は点なので、複数のベクトルが一点に作用すると、移動か静止します。

剛体は物体なので、複数のベクトルが異なる場所に作用すると、移動、静止、回転を行います。

図●質点と剛体に作用するベクトル

$-d$ と d は、一直線上で逆向きのベクトル

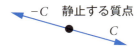

$-C$ は C と同じ大きさで逆向きのベクトル

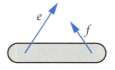

移動、回転する剛体

1-7 剛体のつり合い

運動を伝達する機械の部品を剛体と考え、力が作用する剛体のつり合いと運動を考えます。

◎ 剛体のつり合いと力のモーメント

剛体が移動も回転もしないとき、剛体はつり合っているといいます。剛体の質量を代表する点を**重心**または、**質量中心**と呼び、ここでは記号をGとします。

剛体の運動は、外力の作用のしかたによって異なります。

剛体に複数の外力が働いても、合力がゼロならば剛体は移動しません。外力の作用線上に重心があるとき、剛体は移動しても回転しません。外力の作用線が重心から離れると、重心を中心として剛体を回転させようとする能力が生まれます。これを**力のモーメント**と呼びます。ここでは、剛体を反時計回りに回転させようとする力のモーメントを正として、記号をMとします。

つまり、合力がゼロで、力のモーメントの総和がゼロのとき、剛体はつり合うのです。

◎ 力のモーメント

力のモーメントは、剛体の重心など回転の中心点を基準として、剛体を反時計回りに回転させる向きを正とし、力の大きさFと中心点から力の作用線までの垂直線の長さLとの積として求めます。垂直線を**腕**、Lを**腕の長さ**と呼びます。

力のモーメントのSI単位は、力と長さの積からN mとします。しかし、機械工学では、長さをmmで表すことが多いので、N mmも使います。

力のモーメントを求めるときに、回転の中心点と力の位置関係が把握しにくいことがあります。力のモーメントを求めるポイントは、次の点にあります。

力は作用線上を移動させてもモーメントの効果は変わらないので、力の作用する場所に関係なく、回転の中心点から作用線までの垂直線の長さを腕の長さとします。剛体の形や力の傾きなど、外見に迷わされることなく、力Fと腕の長さLの積を考えましょう。

図●剛体のつり合いと力のモーメント

合力ゼロで移動しない
合力 = $F + (-F) = 0$
回転もしない。

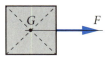

力 F で移動するが、
回転しない。

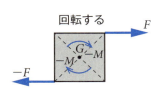

合力ゼロで移動しないが、
力のモーメントの総和$-2M$
で回転する。

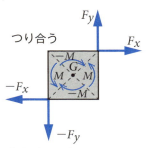

合力ゼロ、力のモーメントの総和
ゼロで移動も回転もしない。

図●力のモーメント

●力のモーメントの定義

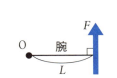

$\boxed{M = FL}$　　F　力[N]
　　　　　　　　L　腕の長さ[m、mm]
　　　　　　　　M　力のモーメント[N m、N mm]

長さのSI基本単位はmだが、
機械工学では、mmで表すことが多い

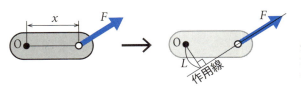

外見に迷わされずに、
力の作用線と垂直な腕
の長さLを見つける

1-8 質点の運動

ボールでも自動車でも、それ自体の運動は質点の運動として考えることができます。速さ、速度、加速度について考えます。

◎ 速さと速度

走る人とその人を追い越そうとする自転車の図に、両者の速さに比例した長さの矢印を描くと運動の違いがわかります。

速さは、**大きさ**だけを考えたスカラー量です。

速度は、物体の運動を、**速さの大きさ**と**運動の向き**で考える量です。速度は矢印で表すことのできるベクトルで、この矢印を速度ベクトルと呼びます。

このような運動を考えるには、人や自転車などの物体を質点として考えます。

◎ 等速運動と等速度運動

点Aから点Bに向かって距離sを時間tで運動したとき、$v = \dfrac{s}{t}$ が平均速度vです。機械力学では、一般に運動の各瞬間における瞬間速度を**速度**と考えます。

速さが常に等しい運動を**等速運動**、速度が常に等しい運動を**等速度運動**と呼びます（速度が一定＝大きさと向きが等しい）。等速運動では向きを考えないので、運動経路は特定しません。等速で運動経路が直線ならば、**等速直線運動**といい、等速で運動経路が円ならば、**等速円運動**といいます。

等速度運動は、速さと運動の向きが一定なので、等速直線運動です。

◎ 加速度と力

質点の速度が時間tの間にv_0からvへ変化したとき、$\dfrac{v - v_0}{t}$ を加速度aとします。加速度はベクトル量で、単位はm/s^2（メートル・パー・スクエア・セコンドまたはメートル毎秒毎秒）です。

1-5節で説明したように、物体の運動に加速度を与えるのは力です。自動車や自転車は、運動する物体自体が力を出します。重力加速度は重力による

力の加速度です。力をもたない物体の加速度は、外力の働きによって発生します。

台車を運動の向きへ押せば、正の加速度が生まれ、速度が上昇します。運動と逆向きに与えた力は、負の加速度を生み、速度を減少させます。

図●速さと速度

速さの大きさに比例した長さの矢印

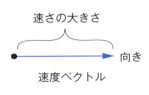

速さの大きさ　向き
速度ベクトル

図●等速運動と等速度運動

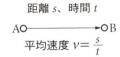

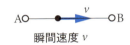

距離 s、時間 t　　　$v = \dfrac{s}{t}$　　s 距離 [m]　　t 時間 [s]　　v 速度 [m/s]

A○————○B　　　　　　　　　　　　　　　　　　　　A○———●→v———○B
平均速度 $v = \dfrac{s}{t}$　　　　　　　　　　　　　　　　　瞬間速度 v

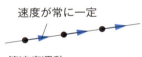

速さの大きさが等しい　　　　　　　　　　　　　　速度が常に一定

等速運動　　　　　等速円運動　　　　　　　　等速度運動
　　　　　　　　　　　　　　　　　　　　　　　等速直線運動

図●加速度と力

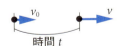

時間 t　　　　$a = \dfrac{v - v_0}{t}$

v　変化後の速度 [m/s]
v_0　変化前の速度 [m/s]
t　時間 [s]
a　加速度 [m/s²]

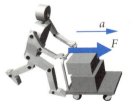
運動の向きの外力は正の加速度を生み、速度が上昇する。

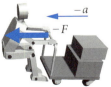
運動と逆向きの外力は負の加速度を生み、速度が減少する。

1-9 ニュートンの運動の三法則

物体の運動と力の関係を考える分野を**動力学**と呼びます。ニュートンの**運動の三法則**は、動力学の基礎です。

◎ 運動の第一法則 「慣性の法則」

外力が働かなければ、静止している物体は静止を続け、等速度運動をしている物体は等速度運動を続けます。**運動の第一法則**は、物体が運動状態を維持しようとする性質を示した**慣性の法則**です。

物体に複数の力が働いても、それらの力の合計がゼロであれば、物体はその運動状態を維持します。複数の力を合計した力を**合力**と呼びます。

◎ 運動の第二法則 「運動の法則と運動方程式」

物体に外力が作用すると慣性が破られ、加速度が生じます。

「加速度の大きさは、外力の大きさに比例し、物体の質量に反比例する」これを**運動の第二法則**または**運動の法則**と呼びます。

運動の主体を物体において、第二法則を「質量 m の物体に加速度 a を生じさせた原因は外力 F である」として、$ma = F$ と表した式を**運動方程式**と呼び、運動を考える基本となります。

$ma = F$ を $a = \dfrac{F}{m}$ とすると運動の法則を表す**加速度の定義式**になります。

$ma = F$ の両辺を交換した $F = ma$ を運動方程式とすることもあります。

$F = ma$ を、1-5節で説明したように、力は質量に加速度を与える大きさであるという**力の定義式**と考えると、厳密には運動方程式とは意味が異なります。

◎ 運動の第三法則 「作用・反作用の法則」

物体Aが物体Bに力を与えると、物体Bは物体Aに同じ作用線上で、大きさが等しく、逆向きの力を与えます。これを**作用・反作用の法則**と呼びます。

作用と反作用は、どちらの力を作用としても同じなので、運動に着目する物体が他方へ与える力を作用と考えます。

図● 運動の第一法則

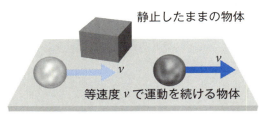

慣性は物体が運動状態を維持する性質

合力は、$-F+F$ でゼロ

複数の力が働いても合力がゼロならば、運動は変化しない。

図● 運動の第二法則

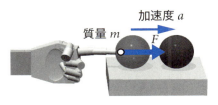

m　質量 [kg]
a　加速度 [m/s^2]
F　力 [N]

● 力の定義式　$F = ma$

● 質量 m の物体を主体に考える

運動方程式
$$ma = F$$
質量 m の物体に加速度 a を生じさせた原因は力 F。

運動の法則
（加速度の定義式）
$$a = \frac{F}{m}$$
加速度 a は、外力 F に比例し、質量 m に反比例する。

力 F は質量 m の物体に加速度 a を与える力。

図● 運動の第三法則

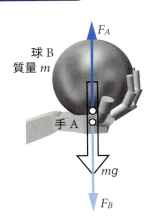

$\begin{cases} mg & 球に働く重力 \\ F_A & 手が球に与える力 \\ F_B & 球が手に与える力 \end{cases}$

手 A に着目すれば、
F_A が作用、F_B が反作用

球 B に着目すれば、
F_B が作用、F_A が反作用

球が静止するとき、
F_A と F_B の大きさは mg
F_A と mg は球 B でつり合う力

1-10 慣性力

電車やエレベータの動き始めや止まるときなど、運動の変化するときに、私たちは体に力が働くと感じることがあります。この現象を考えます。

◎ 系

運動を観察する環境を**系**と呼びます。ニュートンの運動の三法則が成立し、地上（車の外）や等速度で運動する車の中で、運動を観察する環境を**慣性系**と呼びます。加速度運動（加速と減速）を行う自動車や電車の内部では、運動の三法則が成立しない運動が起きます。加速度運動する環境に固定した座標で運動を観察する系を**非慣性系**または**加速度系**と呼びます。

◎ 慣性力

等速度で走行中の車に、ちょっと強めのブレーキがかかり、隣のシートに置いていたすべりやすい荷物が床に落ちてしまった、という場面を考えます。

地上の慣性系に立つ観察者Aから荷物の運動を見ると、荷物は、ブレーキをかける前の運動を保ったように見えるでしょう。これは慣性の法則です。

ところが、車内の非慣性系にいる運転者Bから荷物を観察すると、静止していた荷物が、ブレーキ後に前方へ落ちたのですから、荷物に前向きの外力が働いたように見えるはずです。Bが観察するこの力を**慣性力**と呼びます。

◎ 慣性力と見かけの力

物体に力を与えるには、加速度が必要です。ブレーキは、非慣性系の車とその中にいる運転者に、後ろ向きの加速度を与えます。ブレーキをかけたとき、運転者にかかる後ろ向きの加速度と逆向きの加速度が荷物に働いて、慣性力が前向きに発生した、と考えれば、荷物についての運動の法則が成り立ちます。しかし、荷物に働く前向きの加速度はありません。

慣性力は、非慣性系の中にいる観察者の加速度と逆向きに、「質量×加速度の大きさ」で働く、観察者にしか見えない力です。そのため慣性力は、非

慣性系の内部でニュートンの運動の三法則をあてはめられるように考えられた、**見かけの力**と呼ばれます。

図●系と慣性力

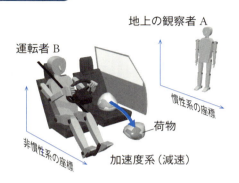

車内で落ちる荷物の運動を
・Aは地上の慣性系
・Bは加速度運動を行う車内の非慣性系
から観察する。
それぞれの系に固定した座標軸を考える

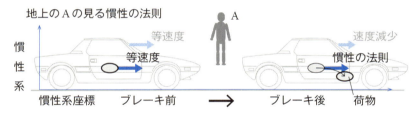

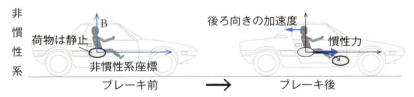

図●慣性力と見かけの力

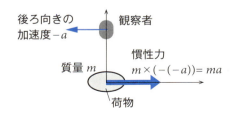

- ブレーキの瞬間、観察者には$-a$の加速度が生じる。
- 置かれただけのすべりやすい物体には慣性の法則が成り立つ。
- 観測者には物体に加速度aが働くように見える。
- 慣性力を考えれば、運動の法則が成り立つ。

1-11 向心力と遠心力

自動車や電車がカーブを曲がるとき、乗っている私たちは外側へ向かう力を感じます。円運動に生じる力を考えます。

◎ 円運動の瞬間速度

運動する質点の瞬間速度は、常に運動の向きに向かいます。不規則に変化する質点の運動経路は、円運動の一部をつなぎ合わせたものと考えられます。

円運動をする質点の速度は、常に接線方向に変化します。ですから、ハンマー投げの球は、人がハンドルを離した瞬間の接線方向へ飛びます。

◎ 向心加速度と向心力

水平な板の上で、おもりをつないだ糸を勢いよく回して、おもりがなめらかな等速円運動を行い、糸がピンと張った状態を慣性系座標から考えます。

点Aの速度をv_A、点Aから微小な角度$\Delta\theta$回転した点Bの速度をv_Bとします。2-2節で説明しますが、速度ベクトルv_A、v_Bから速度の変化分Δvが求められます。速度が変化する向きには、加速度が働いていることになります。

$\Delta\theta$を極めて小さくすると、v_Aとv_Bは重なり、Δvは点Aで瞬間的にv_Aと直角になり、質点は、中心へ向かう加速度を受けることになります。

この加速度を**向心加速度**と呼び、「質量×向心加速度の大きさ」で中心に向かう**向心力**と呼ぶ力を質点に与え、質点の円運動をつくります。この運動の例では、糸がおもりを引っ張る張力が向心力になります。

◎ 遠心力

円運動する質点に観察座標を置いて非慣性系の運動を考えてみましょう。質点が向心力を受けても中心へ引き寄せられずに円運動を続けるのは、向心力とつり合う逆向きの力が質点に作用しているからだと考えます。この力を**遠心力**と呼びます。遠心力は円運動に生じる慣性力で、見かけの力です。遠心力は向心力の反作用です。

カーブを曲がる自動車の車内は非慣性系なので、運転者Pは、カーブの経

路に対して、体が外側に向かう遠心力を感じるのです。

図● 円運動の瞬間速度

瞬間速度の向きは運動の向き

円運動の一部、瞬間速度は常に接線方向に変化する。

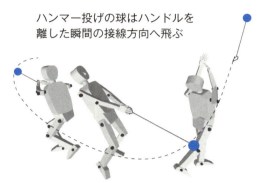

ハンマー投げの球はハンドルを離した瞬間の接線方向へ飛ぶ

図● 向心加速度と向心力

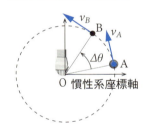

O 慣性系座標軸

v_A と v_B を平行移動して速度の変化分 Δv を求める。
※2-2節例題で説明

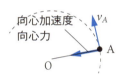

向心加速度
向心力

$\Delta\theta$ が極めてゼロに近いA点の瞬間状態

図● 遠心力

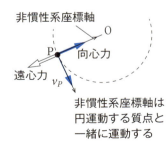

非慣性系座標軸は円運動する質点と一緒に運動する

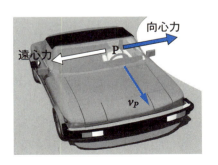

1-12 運動量と力積

運動する物体の質量や速度が異なると、運動の勢いが違うと感じます。運動の勢いを量として考えたものが、運動量と力積です。

◎ 運動量と運動の勢い

物体の質量 m と速度 v の積 $p = mv$ を**運動量**と呼びます。運動量 p は、単位 kg m/s で、向きをもつベクトル量です。運動量を考えると、速度が等しければ質量が大きいほど、質量が等しければ速度が高いほど物体の勢いが強いことを、物理量として表すことができます。

◎ 力積と運動量の変化

物体に外力を作用させると運動が変化します。質量 m、速度 v_0 の物体に力 F を時間 t 作用させて、物体の速度が v になったとき、運動量の変化分 $mv - mv_0$ は、与えた力と時間の積 Ft と等しくなり、$mv - mv_0 = Ft$ と表します。Ft を**力積**と呼び、単位 N s（ニュートン秒）で表すベクトル量です。

この式を、「**物体の運動量の変化は、与えた力積に等しい**」と読みます。

◎ 運動量保存の法則と速度交換

外部から力の作用を受けない環境を、**閉じた系**と呼びます。「閉じた系の内部で、相互に力を及ぼしあう複数の物体の運動量がそれぞれに変化しても、系の運動量の総和は変化しない」、これを**運動量保存の法則**と呼びます。

よくはね返る質量 m のボール A と B の閉じた系で、B を静止させておき、A を速度 v で B に衝突させると、衝突後は A が静止して、B が速度 v で運動します。これを**完全弾性衝突**における**速度交換**と呼びます。

衝突前の系の運動量の総和 p は A のもつ mv です。衝突後の運動量の総和 p は B のもつ mv です。衝突の瞬間に A と B に生じた運動量の変化が力積 Ft となり、A と B に作用・反作用として働いて、速度が交換されたのです。

A と B の運動量が変化しても、系の運動量の総和は保存され、mv です。

図● 運動量と運動の勢い

● 運動量の定義

$$p = mv$$

m　質量 [kg]
v　速度 [m/s]
p　運動量 [kg m/s]

● 運動の勢い

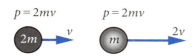

$p = 2mv$　　　$p = 2mv$

物体の運動の勢いは、質量が大きく、速度が高いほど強い。
運動量は、これを物理量として表す。

図● 力積と運動量の変化

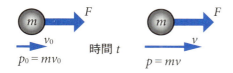

質量 m、速度 v_0 の物体に外力 F が働いて、時間 t 後に速度が v へ変化した。変化の大きさは、F と t の積 Ft と等しい。

$$mv - mv_0 = Ft \quad 運動量の変化は、与えた力積に等しい$$

図● 運動量保存の法則と速度交換

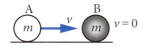

衝突前の系の運動量の総和　A のもつ mv

衝突で運動量の変化＝力積が A と B に作用・反作用として働く

衝突後の系の運動量の総和　B のもつ mv

衝突前後で系の運動量の総和は変わらない

1-13 仕事と動力

機械の目的は、有効な仕事をすることです。動力は、仕事をどれほどの時間で行うことができるかを表します。仕事と動力はスカラー量です。

◎ 仕事

力学では、物体に力 F [N] を作用させて、物体が力の向きに距離 s [m] 移動したとき、力は物体に**仕事** $W = Fs$ [J]（ジュール）を与えたと定義します。

それでは、私たちが壁を強く押した場合はどうでしょう。壁は、おそらく動かないでしょうから、どんなに力を加えても、仕事をしたことにはなりません。

力の向きと逆向きに物体が移動した場合はどうでしょうか。これは、自転車でブレーキをかけて減速するときの運動です。ブレーキの力は、運動の向きと逆に働きます。運動の向きを正とすれば、力は負ですから、$W = -Fs$ となります。これを**負の仕事**と呼びます。

◎ 動力

仕事に対する能力は、機械や人間が仕事を行うのに要した時間の長短で、判断できます。仕事を時間で割った値を、**動力**あるいは**仕事率**と呼びます。機械工学では動力と呼ぶことが多く、物理では仕事率と呼ぶのが一般的です。

仕事 W [J] を時間 t [s] で行ったとき、$P = \dfrac{W}{t}$ [W]（ワット）が動力です。

この式に、仕事の定義 $W = Fs$ を代入すれば、$P = \dfrac{Fs}{t}$ となります。ここで、$\dfrac{s}{t}$ を速度 v に置き換えれば、$W = Fv$ となり、動力は力と速度の積と考えられます。

オートバイや自動車はアクセルでエンジンの動力を調節します。オートバイがスタートしてからアクセルを少なめにして t 秒間で走った距離を動力1の点とします。スタートしてからアクセルを多めにして t 秒間で走った距離を動力2の点とします。車体を走行させるのに必要な力 F はどちらも同じなので、

動力の大きな動力2の方が同じ時間tで多くの距離sを走ります。つまり、$\frac{s}{t}$＝速度vが高くなります。動力が大きいほどスピードが出る、あるいはスピードを出すには大きな動力が必要ということです。

図●仕事

●仕事の定義

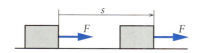

$$W = Fs$$

F 力[N]
s 移動距離[m]
W 仕事[J]

●動かない壁では仕事はゼロ

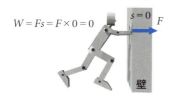

$W = Fs = F \times 0 = 0$

●ブレーキは負の仕事

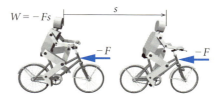

$W = -Fs$

図●動力

●動力の定義

$$P = \frac{W}{t}$$

W 仕事[J]
t 時間[s]
P 動力[W]

●力と速度の積も動力

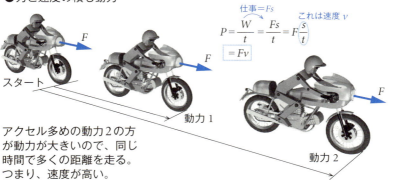

仕事＝Fs
これは速度v

$$P = \frac{W}{t} = \frac{Fs}{t} = F\left(\frac{s}{t}\right)$$
$$= Fv$$

アクセル多めの動力2の方が動力が大きいので、同じ時間で多くの距離を走る。つまり、速度が高い。

力学的エネルギー

機械は、エネルギーを有効な仕事に変換します。日常で聞きなれたエネルギーという言葉の力学的な意味を理解しましょう。

◎ エネルギー

仕事をすることのできる能力をエネルギーと呼びます。仕事をする能力とは、「実際の仕事はしていないが、いつでも仕事ができる」ということです。

ニュートン力学では、速度のある物体がもつ**運動エネルギー** T と、高所にある物体がもつ**位置エネルギー** U を考え、2つのエネルギーの和を**力学的エネルギー** E と呼びます。エネルギーは、仕事と同じ単位Jで表すスカラー量です。

◎ 力学的エネルギー保存の法則と仕事

図のように、板に軽く打ち付けた釘と持ち上げた鉄球の運動を考えます。

①質量 m の鉄球を、高さ h_1 まで力 $F = mg$ で持ち上げて静止させます。つまり、鉄球は手から仕事 mgh_1 を受けました。静止しているので、鉄球は手から受けた仕事を重力から受ける位置エネルギー U_1 として保存しています。運動エネルギー T はゼロなので、位置エネルギー U_1 が力学的エネルギー E_1 になり、$E_1 = U_1$ です。

②鉄球を自由落下させると、高さ h が減少して速度 v が増加します。位置エネルギー U の減少分が運動エネルギー T の増加分になります。力学的エネルギー E_2 は①と同じ大きさを保ちます。$E_2 = U_2 + T_2 = E_1$ です。

③鉄球が釘に衝突すると、高さはゼロ、速度は最大になります。つまり、位置エネルギーがゼロで、運動エネルギーが最大値 T_3 になります。$E_3 = T_3 = E_1$ です。

④鉄球の運動が終わり、鉄球が①の静止状態でもっていた力学的エネルギー E_1 のすべてが、釘を打ち込む仕事 W に変わりました。$W = E_1$ です。

位置エネルギーは、高さを維持することで保存できます。重力は、ある高さにある物体に位置エネルギーを与えるので**保存力**と呼ばれます。

鉄球の落下運動のように「保存力だけを受けて運動する物体の力学的エネルギーは常に等しい」とするのが、**力学的エネルギー保存の法則**です。

図●エネルギー

● 運動エネルギーは速度の2乗に比例する

$$T = \frac{1}{2} mv^2$$

m　質量 [kg]
v　速度 [m/s]
T　運動エネルギー [J]

● 位置エネルギーは高さに比例する

$$U = mgh$$

m　質量 [kg]
g　重力加速度 [9.8 m/s²]
h　高さ [m]
U　位置エネルギー [J]

● 力学的エネルギー
運動エネルギーと位置エネルギーの和を力学的エネルギー E と呼ぶ

$$E = T + U$$

図●力学的エネルギー保存の法則と仕事

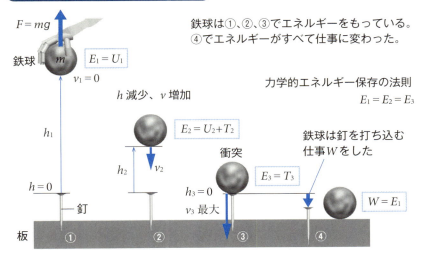

鉄球は①、②、③でエネルギーをもっている。
④でエネルギーがすべて仕事に変わった。

力学的エネルギー保存の法則
$E_1 = E_2 = E_3$

鉄球は釘を打ち込む仕事 W をした

1-15 運動エネルギーと運動量

　運動エネルギーは、速度の2乗に比例します。運動量は、速度に比例します。物体の運動を、質量と速度で定義する2つの量の使い方を考えます。

◎ 運動エネルギーと運動量の違い

　エネルギーには、力学的エネルギーの他に、熱、光、音、振動、電磁気、化学反応など多くのものがあります。そして運動エネルギーと位置エネルギーが相互に変換されるように、すべてのエネルギーが変換されます。このように考えるとエネルギーは、大きさだけをもつスカラー量だということが理解できると思います。

　運動量は、物体の運動だけに関して、常に成り立つ関係で、運動以外の量には変わることができません。必ず向きをともなうベクトル量です。

　ですから、運動エネルギーと運動量は、同じ現象に対して同時に成り立つ、目的の異なる別の考え方なのです。

◎ 自由落下と衝突の例

　剛体の床に向かって自由落下するボールについて、衝突の瞬間からボールがはね返る瞬間までの運動を例として、運動エネルギーと運動量を考えます。

①運動エネルギー

　ボールが床に衝突した瞬間に、ボールの運動エネルギーはゼロになります。床が変形しないので、衝突前のボールの運動エネルギーは、ボールがはね返るエネルギー、音、振動、ボールと床を含む周囲環境の温度変化などのエネルギーに変換されます。

②運動量

　ボールが床に衝突した瞬間に、ボールの運動量はゼロになります。運動量の変化は力積となって、ボールと床に作用・反作用の力を働かせます。衝突の運動時間は極めて小さいので、力Fは大きな値になります。この力を**衝撃力**または**撃力**と呼びます。

図●運動エネルギーと運動量の違い

1つの運動に、「運動エネルギー」と「運動量」という目的の異なる2つの考え方が同時に成り立つ

$$\text{運動エネルギー} \quad T = \frac{1}{2}mv^2$$

→ 運動エネルギーは、熱、光、振動、電磁気、化学反応など運動以外のエネルギーにも変換されるスカラー量。

$$\text{運動量} \quad p = mv$$

→ 運動量は、運動量以外に変わることのないベクトル量。

図●自由落下と衝突の例

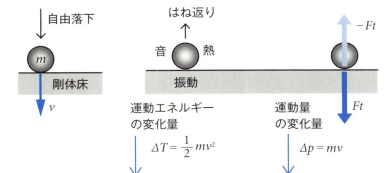

[衝突の瞬間] — 自由落下

[はね返る瞬間] — はね返り、音、熱、振動

運動エネルギーの変化量
$$\Delta T = \frac{1}{2}mv^2$$

運動エネルギーは、はね返りのエネルギー、音、振動、熱など、他のエネルギーに変換される。

運動量の変化量
$$\Delta p = mv$$

運動量の変化が力積 Ft を生む。t が瞬間なので、大きな衝撃力 F が生まれる。

1-16 機構と運動

機械の動くしくみを**機構**と呼びます。複雑に見える機械の動きも基本的な機構を組み合わせてつくられます。機構の運動を扱う分野を機構学と呼びます。

◎ 限定された運動

機構を構成する各部品は、それぞれが限定された動きをします。おもな運動は、**並進**、**揺動**、回転です。並進とは、剛体が姿勢を変えずに直進する運動です。揺動とは、ある範囲を揺れ動く運動です。

エンジンは、燃料のエネルギーを出力軸の回転運動に変換します。エンジンは、並進するピストン、揺動する連接棒、回転するクランク、そしてピストンのガイドを行う固定されたシリンダを主要な部品として、それぞれの部品が因果関係をもつ限定された運動を行って、仕事のもとになる機械的な運動を生み出しています。

◎ リンク機構と剛体の運動

リンク機構は、機構学で扱う代表的な機構の1つです。機構をつくるそれぞれの部材を、**節**または**要素**と呼び、4本の棒状の部材を自由に回転できるようにピンで接合した構造を**4節リンク機構**と呼びます。

機構には、運動源となる**原動節**、運動を出力する**従動節**、原動節と従動節の間で、運動を伝達・変換する**中間節**、機構を支える**固定節**が必要です。

4節リンク機構は、上の4つの条件を備え、それぞれの節の長さを適切に設定すると、いろいろな機能をもたせることができます。前述のエンジンも4節リンク機構の1つで、ピストンが原動節、連接棒が中間節、クランクが従動節です。

4節リンク機構の中間節を例として、機構を構成する部品の運動を見てみましょう。中間節には、原動節から運動を受ける点Aと従動節へ運動を与える点Bがあり、速度v_Aとv_Bは常に変化しています。節は剛体ですから、v_Aとv_Bがどのように速度変化をしても点Aと点Bの中間節上での位置は変化し

ません。そして従動節側のv_Bは原動節側のv_Aによって決定されます。

機構の各運動部分でこのような剛体の運動が行われています。

図●限定された運動

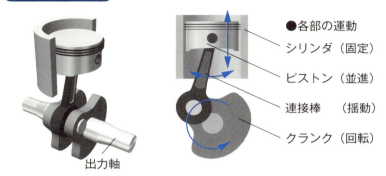

●各部の運動

シリンダ（固定）

ピストン（並進）

連接棒　（揺動）

クランク（回転）

出力軸

図●リンク機構と剛体の運動

●4節リンク機構の例

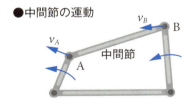

中間節

従動節

原動節

ピン

固定節

節の機能は、節固有のものではなく、節の長さを適切に設定すると、各節の機能を交換していろいろな運動をつくることができる。

●中間節の運動

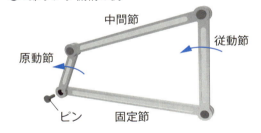

原動節を回転させると、v_Aとv_Bは常に変化する。
点Aと点Bの中間節上での位置は変わらない。
v_Bは、v_Aによって決定される。

1-17 三角関数と逆三角関数

　力や速度などのベクトルが、考えようとする方向と斜めに働くとき、三角関数を使います。三角関数を苦手とすることのないように慣れておきましょう。

🔵 三角関数

　力学で、いろいろな方向に働くベクトルを扱うには、水平垂直座標などの直交する2軸を使って問題を考えます。ここで、使われるのが三角関数です。

　直角三角形で直角以外の1つの角の値が決まると、三角形の大きさに関係なく各辺の長さの比が一定になります。この比を**三角比**と呼び、三角比を角度の関数として表したものを**三角関数**と呼びます。

　三辺の長さ a、b、c、角度 θ として、sin（サイン：正弦）、cos（コサイン：余弦）、tan（タンジェント：正接）の関係を決めます。tanだけは、tan 90°がゼロ除算になるので $\theta = 90°$ を除きます。

　三角関数の覚え方として、底辺の左側を θ、右側を直角とした三角形で、sin、cos、tanの頭文字を各頂点にあてはめるという方法があります。sinのsは小文字筆記体です。$\frac{\sin \theta}{\cos \theta} = \tan \theta$ の関係も覚えておきましょう。

　30°のsinを表すには、sin 30° = 0.5 とします。「直角三角形で角度30°の "$\frac{対辺の長さ}{斜辺の長さ}$" は、$\frac{1}{2} = 0.5$ です」という意味です。

　本書の説明でも多用する、2枚セットの三角定規で見慣れた角度の三角関数の値を表に示しました。

🔵 逆三角関数

　三角関数は、角度から三角比を知ることができました。これと逆に、三角比から角度を知ることができます。「直角三角形で、$\frac{対辺の長さ}{斜辺の長さ} = 0.5$ になる角度は、30°です」を次のように表します。

　$\sin^{-1} 0.5 = 30°$　　$\sin^{-1}$は、アークサインと読みます。

　同様に、$\cos^{-1}$ アークコサイン、$\tan^{-1}$ アークタンジェントが成り立ち、これを**逆三角関数**と呼びます。

図●三角関数

●三角関数の覚え方

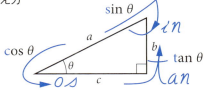

$$\sin\theta = \frac{b}{a} \qquad \cos\theta = \frac{c}{a} \qquad \tan\theta = \frac{b}{c} \quad (\theta \neq 90°)$$

$$\frac{\sin\theta}{\cos\theta} = \frac{\frac{b}{a}}{\frac{c}{a}} = \frac{ba}{ac} = \frac{b}{c} = \tan\theta$$

●三角関数の値の例

θ	$\sin\theta$	$\cos\theta$	$\tan\theta$
0°	$\frac{0}{1}$	$\frac{1}{1}$	$\frac{0}{1}$
30°	$\frac{1}{2}$	$\frac{\sqrt{3}}{2}$	$\frac{1}{\sqrt{3}}$
45°	$\frac{1}{\sqrt{2}}$	$\frac{1}{\sqrt{2}}$	$\frac{1}{1}$
60°	$\frac{\sqrt{3}}{2}$	$\frac{1}{2}$	$\frac{\sqrt{3}}{1}$
90°	$\frac{1}{1}$	$\frac{0}{1}$	ゼロ除算

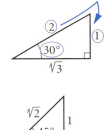
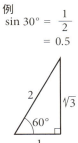

例
$\sin 30° = \dfrac{1}{2}$
$\qquad\quad = 0.5$

図●逆三角関数

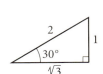

$\sin^{-1} 0.5 = 30°$

$\cos^{-1} \dfrac{\sqrt{3}}{2} = 30°$

$\tan^{-1} \sqrt{3} = 60°$

$\sin^{-1} 0.5 = 30°$ ← $\sin\theta = 0.5$ になるときの θ は 30° です

1-18 rad（弧度法）

回転運動の角度や三角関数の角度をradという単位で表すことがあります。現象を解くのに便利な単位です。しっかりと理解しましょう。

◎ rad（弧度法）

rad（ラジアン）は、弧の長さで角度を表す単位で弧度法と言います。半径 r と等しい長さの弧をもつ扇形の中心角を 1 rad と定義します。

円周の長さは直径×πなので、半径 r の円周の長さは $2\pi r$ です。円の中心角 360°は、$2\pi r$ を半径 r で割って 2π rad です。半円の中心角 180°は π rad になります。

度数法と弧度法の換算は、$1 \text{ rad} = \dfrac{180°}{\pi}$、$1° = \dfrac{\pi}{180} \text{ rad}$ です。

図●rad（弧度法）

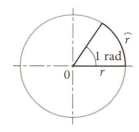

1 rad の定義

$$1 \text{ rad} = \dfrac{\hat{r}}{r}$$

円の中心角

$$360° = \dfrac{2\pi r}{r} = 2\pi \text{ rad}$$

半円の中心角

$$180° = \pi \text{ rad}$$

弧度法→度数法

$$1 \text{ rad} = \dfrac{180°}{\pi} \; (\fallingdotseq 57.3°)$$

度数法→弧度法

$$1° = \dfrac{\pi}{180} \text{ rad}$$

例題1 $\dfrac{\pi}{6}$ rad は何度か？

解答例

$$\dfrac{\pi}{6} \text{ rad} = \dfrac{\pi}{6} \times \dfrac{180°}{\pi} = 30°$$

例題2 45°は何ラジアンか？

解答例

$$45° = 45 \times \dfrac{\pi}{180} = \dfrac{\pi}{4} \text{ rad}$$

🔵 三角関数のrad表記法

rad単位で三角関数を表すには、角度の大きさだけを書いてradは付けません。

図●三角関数のrad表記法

$\boxed{\sin \dfrac{\pi}{6}}$ と書く、radは付けない。 ← 度数法で $\sin 30°$

$\boxed{\cos 1.5}$ は、角度 1.5 rad の cos。　　$1.5 \text{ rad} = 1.5 \times \dfrac{180°}{\pi} ≒ 85.9°$

🔵 微小角の三角関数

radで表すと、扇形の円弧の長さは、半径rと中心角θの積$r\theta$になります。

次の微小角の直角三角形では、対辺と円弧の長さがほぼ等しくなります。これを利用して、radで表した微小角の三角関数は、次のような近似値計算ができます。

$$\sin \theta ≒ \theta、\tan \theta ≒ \theta、\cos \theta ≒ 1$$

一般に、どれほどの角度までを微小とするかは、明確ではありませんが、$\sin \theta$と$\tan \theta$は、$\theta ≒ 10°$で誤差1%、$\cos \theta$は、$\theta ≒ 8°$で誤差1%です。

図●微小角の三角関数

円弧の長さ＝円周の長さ × $\dfrac{\text{中心角}}{360°}$ = $2\pi r \times \dfrac{\theta}{2\pi}$ = $\boxed{r\theta}$

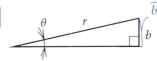

円弧 $\widehat{b} = r\theta$　$b ≒ \widehat{b}$

$\sin \theta = \dfrac{b}{r} = \dfrac{r\theta}{r} ≒ \theta$

$\boxed{\tan \theta ≒ \theta}$
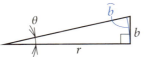

円弧 $\widehat{b} = r\theta$　$b ≒ \widehat{b}$

$\tan \theta = \dfrac{b}{r} = \dfrac{r\theta}{r} ≒ \theta$

$\boxed{\cos \theta ≒ 1}$
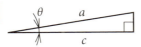

$a ≒ c$
$\cos \theta = \dfrac{c}{a} ≒ 1$

1-19 三角関数の公式など

三角関数には、基本的な性質や定義を組み合わせてできた多くの公式があります。式の誘導などで、本書で使用するものを挙げます。

◎ 三角関数の関係

$$\tan\theta = \frac{\sin\theta}{\cos\theta} \quad 、 \quad \sin^2\theta + \cos^2\theta = 1 \quad \begin{cases} \sin^2\theta \text{ は } (\sin\theta)^2 \\ \cos^2\theta \text{ は } (\cos\theta)^2 \text{ の表記法} \end{cases}$$

◎ $-\theta$ の三角関数

$$\sin(-\theta) = -\sin\theta \quad 、 \quad \cos(-\theta) = \cos\theta \quad 、 \quad \tan(-\theta) = -\tan\theta$$

◎ 三角比の逆数

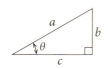

式の変形で、次の関係を使うことがあります。
cot θ（コタンジェントθ: 余接）................ tan θ の逆数
sec θ（セカントθ: 正割）........................... cos θ の逆数
cosec θ（コセカントθ: 余割）................... sin θ の逆数

$$\cot\theta = \frac{c}{b} = \frac{1}{\tan\theta} \quad 、 \quad \sec\theta = \frac{a}{c} = \frac{1}{\cos\theta}$$

$$\operatorname{cosec}\theta = \frac{a}{b} = \frac{1}{\sin\theta}$$

◎ 補角の三角関数 （π は180°）

$$\sin(\pi-\theta) = \sin\theta \quad 、 \quad \cos(\pi-\theta) = -\cos\theta \quad 、 \quad \tan(\pi-\theta) = -\tan\theta$$

◎ 余角の三角関数 （$\frac{\pi}{2}$ は90°）

$$\sin\left(\frac{\pi}{2}-\theta\right) = \cos\theta \quad 、 \quad \cos\left(\frac{\pi}{2}-\theta\right) = \sin\theta \quad 、 \quad \tan\left(\frac{\pi}{2}-\theta\right) = \cot\theta$$

🔵 加法定理 （複号同順）

$$\sin(\alpha \pm \beta) = \sin\alpha\cos\beta \pm \cos\alpha\sin\beta$$
$$\cos(\alpha \pm \beta) = \cos\alpha\cos\beta \mp \sin\alpha\sin\beta$$
$$\tan(\alpha \pm \beta) = \frac{\tan\alpha \pm \tan\beta}{1 \mp \tan\alpha\tan\beta}$$

🔵 2倍角の公式 （加法定理の＋で、$\alpha = \beta = \theta$ とする）

$$\sin 2\theta = 2\sin\theta\cos\theta$$
$$\cos 2\theta = \cos^2\theta - \sin^2\theta = 1 - 2\sin^2\theta = 2\cos^2\theta - 1$$
$$\tan 2\theta = \frac{2\tan\theta}{1 - \tan^2\theta}$$

🔵 余弦定理

$$a^2 = b^2 + c^2 - 2bc\cos A$$
$$b^2 = c^2 + a^2 - 2ca\cos B$$
$$c^2 = a^2 + b^2 - 2ab\cos C$$

🔵 正弦定理

$$\frac{a}{\sin A} = \frac{b}{\sin B} = \frac{c}{\sin C} = 2r$$

🔵 三平方の定理（ピタゴラスの定理）

$$a^2 + b^2 = c^2$$

三角関数では
ありませんが、
よく使います。

column

運動方程式

　皆さんは、ニュートンの運動方程式について、授業で次のように聞いたことはありませんか。「ニュートンは、運動方程式をつくっていません」

　ニュートンは「自然哲学の数学的原理（プリンキピア）」という著書で、運動の三法則を述べ、力と運動の関係を明らかにして、力学の体系を確立しました。

　しかし、プリンキピアは、代数式を使わずに、文章と図式解法（幾何学）で説明しています。ですから、ニュートンの運動方程式と呼ばれる数式は、プリンキピアでは登場しないのです。

　ニュートンの運動の三法則は、運動の変化、運動の勢い、力、の関係を明らかにさせることから完成されたもので、運動の第二法則を微分方程式で表す運動方程式という形にしたのは、18世紀の数学者レオンハルト・オイラーです。

　オイラーによって、運動の第二法則が数式化されたことで、力学を数学的に解析することができるようになったのです。

　現行の物理のカリキュラムでは、余裕がないので、このような話は紹介されないかもしれませんね。

　高校物理では、運動方程式を、$ma = F$とします。この式を「質量mの物体の運動の変化はmaで、その原因は力Fです」と読めば、現象の原因を探求する自然科学にぴったりの方程式です。

　そして、皆さんが、いろいろな例題を解くうちに、物体の運動を物理的な視点から解く方程式として使いやすいということが理解できると思います。

　機械力学では、$F = ma$を運動方程式とすることがあります。

　というよりは、工学単位という力を基本量とした単位系が使われていた時代には、こちらが主流で、物体の質量mは重量を重力加速度gで除してから、力のつり合いを中心として物体の運動を考えていました。

　本書を手にしていただく方の多くは、SI単位が浸透した現在の教育体系に育っていると思われるので、混乱を避けるため、本書では、$ma = F$を運動方程式、$F = ma$を力の定義式としました。

第2章
ベクトルの合成と分解

皆さんは、力や運動の様子などを矢印で描くことに慣れていると思います。
この矢印がベクトルで、力学を視覚的に考えるのに、最も簡単で有効な方法です。
2章では、ベクトルの使い方を紹介します。

- 2-1　ベクトルの種類と移動
- 2-2　一点に集まるベクトルの合成
- 2-3　2つのベクトルの合成計算
- 2-4　力のベクトルの平行移動
- 2-5　ベクトルの分解
- 2-6　複数のベクトルの合成計算

練習問題●ベクトルの分解と合成

column●ベクトルの始点

2-1 ベクトルの種類と移動

力学で速度と力を考えるとき、ベクトルの矢印線が欠かせません。矢印で図示したベクトルは、ある制約のもとに移動することができます。

◎ 数学のベクトルと力のベクトル

ベクトルは、1-2節で「大きさと向き」と説明しました。矢印線の長さがベクトルの大きさに比例し、矢のない側を始点、矢の付いている側を終点として、ベクトルの向きを表します。数学で定義するベクトルは、始点の位置を限定しません。

一方、**力のベクトル**は、1-4節で、「**大きさ、向き、作用点の三要素**」と説明しました。力が物体のどこに作用するかで、物体に対する力の効果が変わるため、ベクトルの始点を作用点として限定するのです。速度ベクトルでも並進運動以外の運動で、位置によって速度が異なる場合は、始点が限定されます。

始点の位置を限定することが数学ベクトルとの大きな違いです。

図●数学のベクトルと力のベクトル

●数学のベクトル

ベクトルの要素
・大きさ
・向き

●力のベクトル

力のベクトル F
・大きさ
・向き
・作用点　始点

◎ 等しいベクトルとベクトルの移動

ベクトルの定義は、大きさと向きなので、位置の異なるベクトルABとCD

で、ABを平行移動して始点AとC、終点BとDが重なったとき、2つのベクトルの大きさと向きは等しく、ABとCDを等しいベクトルと呼びます。

ということは、位置①にあるベクトルAを位置②へ平行移動しても、移動前と移動後のベクトルは等しいといえます。直線移動は、平行移動の一部と考えます。

始点を限定しないベクトルは任意の位置に平行移動できるといえます。

力のベクトルのように、始点を限定したベクトルは、定義上移動させることができません。しかし、作用線上だけであれば、作用点が移動してもベクトルの効果が変わらないとき、直線移動させて考えることができます。

図●等しいベクトル

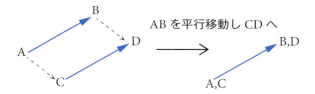

平行移動して始点と終点が重なるベクトルを、等しいベクトルと呼ぶ。

図●始点を限定しないベクトルの移動

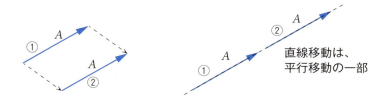

直線移動は、平行移動の一部

図●力のベクトルは、直線移動できる

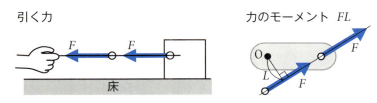

作用線上だけならば、力の作用点がどこにあっても効果は変わらないので、力のベクトルを移動して考えることができる。

2-2 一点に集まるベクトルの合成

　力学では、複数のベクトルの和と差を求めることを合成と呼びます。平面上の一点に集まるベクトルを作図で合成する方法を考えます。

ベクトルの和

　2つのベクトルA、Bの和は、それぞれを2辺とした平行四辺形の対角線にベクトルの和Cを求めます。これが和の基本形で、**ベクトルの平行四辺形**と呼びます。

　ここで、ベクトルの平行移動を利用して、Aの始点をBの終点に接続してA'とし、Bの始点からA'の終点へベクトルの和Cを求めることができます。これを**ベクトルの三角形**と呼びます。Aを固定して、Bを移動しても結果は同様です。

　和は、$A + B = C$と表します。大きさだけの代数和でないことに注意しましょう。

　3つのベクトルA、B、Cの和は、2つのベクトルの和を求める平行四辺形を2回繰り返して求めます。図のベクトルの和は、$A + B + C = E$と表します。

　この場合も、ベクトルの始点を他のベクトルの終点に接続する操作を繰り返すと、中間のベクトルをつくらずに、固定したベクトルの始点と最後に移動したベクトルの終点でベクトルの和を求めることができます。これを**ベクトルの多角形**と呼びます。

負のベクトルとベクトルの差

　ベクトルAとベクトルBの差$A - B$は、$A + (-B)$として求めます。$-B$は、Bと大きさが等しく逆向きのベクトルで、**負のベクトル**と呼びます。

　① 大きさが等しく逆向きの負のベクトル$-B$をつくる。
　② Aと$-B$のベクトルの和$A + (-B)$を、ベクトルの差Cとする。
　③ ここで、ベクトルCを平行移動してAとBに接続してみます。
　④ すると$-B$をつくらなくても、ベクトルBの終点からベクトルAの終点へつくったベクトルがベクトルの差になることがわかります。

以上の経過を理解したなら、④の方法で、引くベクトルの終点から引かれるベクトルの終点に向けてつくったベクトルをベクトルの差としましょう。

図●ベクトルの和

●平行四辺形（和の基本形）　●三角形（A を平行移動）

$A + B = C$

ベクトルの大きさだけの
代数和でないことに注意

●平行四辺形による3つのベクトルの和　　●多角形による3つのベクトルの和

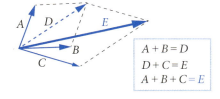 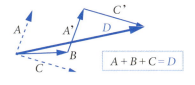

$A + B = D$
$D + C = E$
$A + B + C = E$

$A + B + C = D$

図●負のベクトルとベクトルの差

① 負のベクトル $-B$ をつくる　　② $A + (-B)$ をベクトルの差 C とする

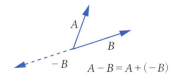 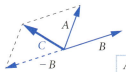

$A - B = A + (-B)$

$A - B = C$

③ C を平行移動して A、B に接続する　　④ 負のベクトルをつくらずに差を求めることができる

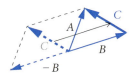

$A - B = C$

例題 1 速度 2 m/s で進む船が、幅 200 m の川を垂直に横切って対岸へ渡る。下流へ流されずに対岸に着くには、船首を川上に向けなければならない。水の速度が 0.5 m/s のとき、この角度 θ と渡り切るのに要する時間 t を求めなさい。

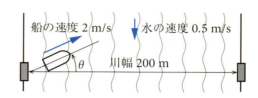

✪ 考え方

- 船の速度と水の速度を合成した速度 v が川と垂直になるようにしましょう。
- ベクトルの合成は、平行四辺形、三角形どちらでもよいでしょう。
- 角度 θ は、度数法で、逆三角関数（1-17 節で説明）または、図から求めます。
- v の速さは、三角関数、三平方の定理、実測で求められます。

解答例

- ベクトルを正確に描けば、図から θ と v を読み取れます。
- 関数電卓での三角関数、逆三角関数の計算は、角度モード [DEG] です。

(1) ベクトルの合成図を描いて問題を視覚的にします。

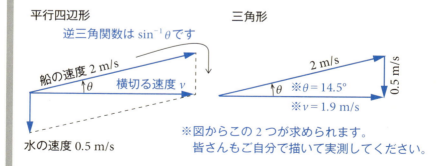

(2) ベクトル図をもとに逆三角関数から θ を求めます。

$$\frac{\text{水の速度 }0.5\text{ m/s}}{\text{船の速度 }2\text{ m/s}} = \sin\theta \quad \text{から} \quad \theta = \sin^{-1}\frac{0.5}{2} = \boxed{14.5°}$$

(3) ベクトル図と (2) で求めた θ から v を求めます。

$$\frac{\text{横切る速度 }v}{\text{船の速度 }2\text{ m/s}} = \cos\theta \quad \text{から} \quad v = 2\times\cos 14.5° = 1.9\text{ m/s}$$

別解　三平方の定理から
$v = \sqrt{2^2 - 0.5^2} = 1.9$ m/s

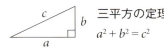

三平方の定理
$a^2 + b^2 = c^2$

(4) 川を横切る速度 v から要する時間 t を求めます。

時間 $t = \dfrac{\text{川幅 }200\text{ m}}{\text{横切る速度 }v}$　だから　$t = \dfrac{200}{1.9} = 105$ s

> 例題1の別解
> 図から角度 θ と速度 v を読みます

解　$\theta = 14.5°$、$t = 105$ 秒

例題2　質点が図の運動を行った。点Aを基準として、点Bの速度の変化分 Δv を示すベクトルを求めなさい。この例題は、1-11節で向心力を求めるために求めた Δv の説明にもなります。

AからBは極めて短時間の変化とする

解答例

- 題意は、$\Delta v = v_B - v_A$ を求めることで、前ページのベクトルの差の類題です。
- v_A、v_B を平行移動して、v_A と v_B の始点を重ねましょう。

極めて短時間の変化なので、点AとBを一点と考え、v_A、v_B の始点を重ね、v_A の終点から v_B の終点に向けて Δv をつくる。

ベクトルだけを見る　→

解

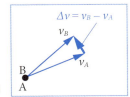

2-3 2つのベクトルの合成計算

作図によるベクトルの合成をもとにして、合成した結果を計算で求める例を示します。

◎ 直角な2つのベクトルの合成

大きさaとbの2つのベクトルが一点で直角に与えられたとき、合成ベクトルの大きさcと水平なベクトルbからの傾角αを次のように求めます。

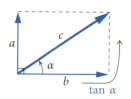

●合成ベクトルの大きさ c

三平方の定理から $c^2 = a^2 + b^2$ ∴ $\boxed{c = \sqrt{a^2 + b^2}}$

●合成ベクトルの傾角 α

三角比から $\dfrac{a}{b} = \tan \alpha$ ∴ $\boxed{\alpha = \tan^{-1} \dfrac{a}{b}}$

◎ 挟角をもつ2つのベクトルの合成

大きさaとbの2つのベクトルが挟角θで一点に与えられたとき、合成ベクトルの大きさcと水平なベクトルbからの傾角αを次のように求めます。

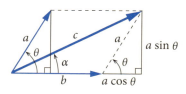

●合成ベクトルの傾角 α

$$\dfrac{a \sin \theta}{b + a \cos \theta} = \tan \alpha$$

∴ $\boxed{\alpha = \tan^{-1} \dfrac{a \sin \theta}{b + a \cos \theta}}$

●合成ベクトルの大きさ c

三平方の定理から　　展開して

$c^2 = (b + a \cos \theta)^2 + (a \sin \theta)^2 = b^2 + 2ab \cos \theta + (a \cos \theta)^2 + (a \sin \theta)^2$

$\quad = b^2 + 2ab \cos \theta + a^2 (\cos^2 \theta + \sin^2 \theta)$ ← 三角関数の平方関係 $\cos^2 \theta + \sin^2 \theta = 1$ から

$\quad = b^2 + 2ab \cos \theta + a^2 = a^2 + 2ab \cos \theta + b^2$

∴ $\boxed{c = \sqrt{a^2 + 2ab \cos \theta + b^2}}$

$\cos^2 \theta$ は $(\cos \theta)^2$
$\sin^2 \theta$ は $(\sin \theta)^2$ の表記法

算出値 α の符号

前述の θ と α は、第1象限で反時計回りを+として考えています。α の算出値の符号は、象限によって異なるので、傾角 α は、算出値を次のように補正します。

図●tan α の各象限での符号（2-6節にsin、cos、tanの符号を記載）

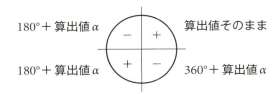

例題 次に示す2力の合力 F の大きさと角度 α を求めなさい。

①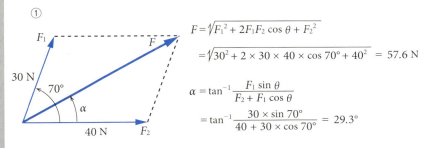

$F = \sqrt{F_1^2 + 2F_1F_2 \cos\theta + F_2^2}$

$= \sqrt{30^2 + 2 \times 30 \times 40 \times \cos 70° + 40^2} = 57.6 \text{ N}$

$\alpha = \tan^{-1} \dfrac{F_1 \sin\theta}{F_2 + F_1 \cos\theta}$

$= \tan^{-1} \dfrac{30 \times \sin 70°}{40 + 30 \times \cos 70°} = 29.3°$

解 $F = 57.6$ N、$\alpha = 29.3°$

②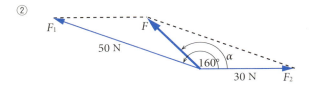

$F = \sqrt{F_1^2 + 2F_1F_2 \cos\theta + F_2^2} = \sqrt{50^2 + 2 \times 50 \times 30 \times \cos 160° + 30^2} = 24.1 \text{ N}$

$\therefore \; \alpha = \tan^{-1} \dfrac{F_1 \sin\theta}{F_2 + F_1 \cos\theta} = \tan^{-1} \dfrac{50 \times \sin 160°}{30 + 50 \times \cos 160°} = -45.2°$ ← α が第2象限にあるので、補正します。

α が第2象限にあるので $180° - 45.2° = 134.8°$

解 $F = 24.1$ N、$\alpha = 134.8°$

2-4 力のベクトルの平行移動

2-1節で、力は直線移動だけできるとしました。しかし実際には、合成ベクトルである合力を平行移動で求めています。その理由を理解しましょう。

基本は平行四辺形

力のベクトルは、定義上移動させることは好ましくありません。

複数の力のベクトルを合成したものを**合力**と呼びます。作図で合力を求めるには、2力であれば力の平行四辺形から、3力以上であれば力の平行四辺形を繰り返すことが基本です。

力の移動と作図は違う

力のモーメントを例とすると、点Aに作用する力Fが点Oに対してもつ力のモーメントを求めるには、Fの作用線と点Oの最短距離L（腕の長さ）を求めることが必要です（モーメントを求めるには、次節で説明する別の方法もあります）。

ここで、Fを作用線上で移動させて考えると、物体に対する力の効果が変わらないまま、モーメントの腕の長さLをはっきりとさせることができます。

これが、力は作用線上を直線移動できるという意味です。

次に、F_1の始点をF_2の終点に移動してF_1'をつくり、合力を求める力の三角形を考えましょう。F_1は、位置をもつベクトルなので、直線移動以外はできません。

これは、F_1'は力F_1を移動したものではなく、作図上F_1の対辺と等しい補助線を描いていると考えるのです。

一点に集まる力は作図上平行移動できる

上のように考えると、力のベクトルも、始点を限定しないベクトルのように平行移動できることになり、力の多角形と呼ばれる平行移動による合成が行えるのです。

ただし、大事な前提条件があります。それは、力の作用点が一点に集中した場合だけ、ということです。

> **図●基本は平行四辺形**

●力の平行四辺形で
2力の合力 F を求める

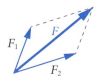

●力の平行四辺形を繰り返して
3力の合力 F を求める

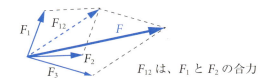

F_{12} は、F_1 と F_2 の合力

> **図●力の移動と作図は違う**

●力を作用線上で移動させる

点 A に作用する力 F

力のモーメント FL

●力の三角形で合力を求める

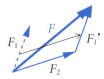

F_1' は、力 F_1 を移動したものではなく、作図上の補助線と考える。

> **図●一点に集まる力の平行移動**

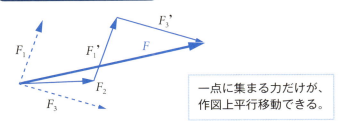

一点に集まる力だけが、作図上平行移動できる。

2-5 ベクトルの分解

ベクトルは、任意の2方向へ分解することができます。力学では、どのような方向に分解するかが問題解決のポイントといえます。

ベクトルの分解

ベクトルの分解は、ベクトルの合成の逆の手順で行います。分解する方向は任意ですが、はっきりと決まっていなければいけません。

ベクトルAを2つのベクトルBとCに分解するには、次のようにします。

① ベクトルAをベクトルBとCの方向を示す線分ではさむ。
② Aを対角線とした平行四辺形をつくる。
③ Aをはさんだ2辺を分解するベクトルBとCとする。

図●ベクトルの分解

① A を線分ではさむ

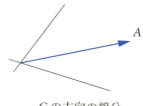

② 平行四辺形をつくる

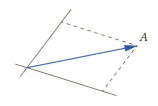

③ 分解完了

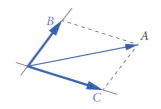

ベクトルの分解は、分解方向の線分に余裕をもたせ、分解するベクトルの始点に分解したいベクトルの始点を合わせるようにしましょう。

◎ 分解の方向

ベクトルを分解するのは、ベクトルの向きと知りたい事柄の向きが異なるからです。ですから、分解する方向は、知りたい事柄の方向にとります。

① 斜め上に投げたボールの速度から、水平方向、垂直方向の運動を知るには、ボールのベクトルを水平・垂直の直交座標の方向に分解します。
② 天井から2本の紐でつるした物体の重量が、紐に与える力を知るには、紐に沿った2つの方向に分解します。
③ 物体に力のモーメントを与える力と腕の垂直な組み合わせを知るには、力を分解して垂直な関係をつくります。

図●分解の方向

① ボールの速度を分解

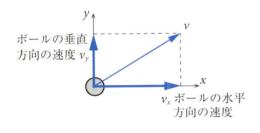

② つるした物体の重量を分解

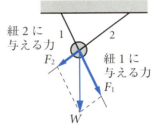

③ 力のモーメント＝力 × 腕の長さ

力のモーメントを求めるには、力と腕を垂直にしなければならない。

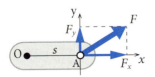

●力 F を分解して s と垂直な力 F_y をつくる（F_x は使わない）

力のモーメント $F_y s$

2-6 複数のベクトルの合成計算

複数のベクトルの合成は、すべてのベクトルを一度分解してから、合計するという方法で求めることができます。

複数のベクトルの合成

一点に始点が集まる複数のベクトルの合成は、
① ベクトルの始点を原点とした直交座標 xy をつくる。
② すべてのベクトルを x 軸方向成分、y 軸方向成分に分解する。
③ x 軸方向、y 軸方向それぞれの総和から合成ベクトルの大きさと角度を求める。
という手順で行います。

Ox を始線に、反時計回りに角度をとる

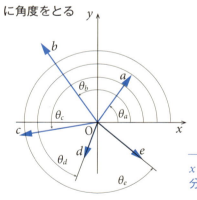

力の多角形で求めた合成ベクトル F

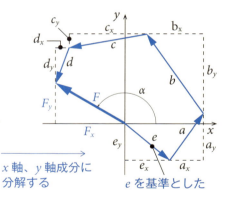

x 軸、y 軸成分に分解する

e を基準とした

● x 軸方向成分は cos、y 軸方向成分は sin

($a_x = a \cos \theta_a$, $a_y = a \sin \theta_a$)
($b_x = b \cos \theta_b$, $b_y = b \sin \theta_b$)
($c_x = c \cos \theta_c$, $c_y = c \sin \theta_c$)
($d_x = d \cos \theta_d$, $d_y = d \sin \theta_d$)
($e_x = e \cos \theta_e$, $e_y = e \sin \theta_e$)

● 合力 F を求める

$$F_x = a_x + b_x + c_x + d_x + e_x$$
$$F_y = a_y + b_y + c_y + d_y + e_y$$
$$F = \sqrt{F_x^2 + F_y^2}$$
$$\alpha = \tan^{-1} \frac{F_y}{F_x}$$

例題 左の図のベクトル a から e を力のベクトルとした値を次に示す。合力 F を求めなさい。

●力 $a \sim e$ の値

$\begin{pmatrix} a = 15\text{ N}, & \theta_a = 55° \\ b = 25\text{ N}, & \theta_b = 125° \\ c = 20\text{ N}, & \theta_c = 190° \\ d = 10\text{ N}, & \theta_d = 250° \\ e = 15\text{ N}, & \theta_e = 320° \end{pmatrix}$

◎ 考え方
・力 $a \sim e$ の x 方向、y 方向成分を個別に求める。
・x 方向の合計 F_x、y 軸方向の合計 F_y を求める。
・F の大きさと α を求める。

解答例

x 軸方向成分		y 軸方向成分	
$a_x = 15 \cos 55°$	$= 8.6$	$a_y = 15 \sin 55°$	$= 12.3$
$b_x = 25 \cos 125°$	$= -14.3$	$b_y = 25 \sin 125°$	$= 20.5$
$c_x = 20 \cos 190°$	$= -19.7$	$c_y = 20 \sin 190°$	$= -3.5$
$d_x = 10 \cos 250°$	$= -3.4$	$d_y = 10 \sin 250°$	$= -9.3$
$e_x = 15 \cos 320°$	$= 11.5$	$e_y = 15 \sin 320°$	$= -9.6$

x 軸方向合計 $F_x = -17.3$ y 軸方向合計 $F_y = 10.4$

三平方の定理から合力 F を求める

$F = \sqrt{F_x^2 + F_y^2} = \sqrt{-17.3^2 + 10.4^2} = 20.2\text{ N}$

$\alpha = \tan^{-1} \dfrac{F_y}{F_x} = \tan^{-1} \dfrac{10.4}{-17.3} = -31.0°$ ← α が第 2 象限なので補正

α が第 2 象限にあるので $\alpha = 180° - 31° = 149°$

解 $F = 20.2\text{ N}$、$\alpha = 149°$

● **三角関数の符号**

一般角（第 1 象限〜第 4 象限）の三角関数は、次の符号をとります。

$\sin \theta$

$\cos \theta$

$\tan \theta$

練習問題　　　　ベクトルの分解と合成

問題1　図1のように力 F を支える2本の棒材 A、B に、F が与える力を求めなさい。

⊕ 考え方
・力 F が棒材に与える力の作用線を考えて、F を2本の棒材の方向に分解する。

問題2　図2のように先端の角度 θ の「くさび」を力 F で板に打ち込んだ。
① 板に与える力を図示しなさい。
② 板に与える力の算出式を求めなさい。

⊕ 考え方
・くさびの斜面に直角な方向に力 F を分解します。
・①で求めた図の三角形の角度に注意して、三角関数をうまく使いましょう。

問題3　図3のように水平な路面を速度 $v_1 = 10$ m/s で走る車両から、進行方向に向けて仰角 $\theta = 60°$、速度 $v_2 = 5$ m/s でボールを投射する実験を想定する。地面に対するボールの速度 V を求めなさい。

⊕ 考え方
・2-3節の「挟角をもつ2つのベクトルの合成」の例題①を参考としましょう。

図1
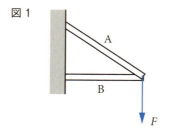

図2
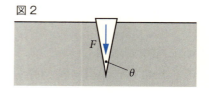

図3
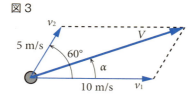

解答 1

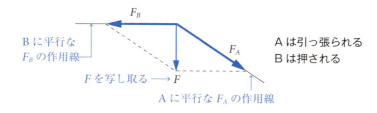

A は引っ張られる
B は押される

解答 2

解①

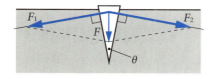

② F_1 と F_2 は、ひし形の 2 辺だから $F_1 = F_2$ から F_1 を求める。

$$\frac{\frac{F}{2}}{F_1} = \sin\frac{\theta}{2}$$

$$\therefore F_1 = \frac{F}{2} \times \frac{1}{\sin\frac{\theta}{2}} = \frac{F}{2\sin\frac{\theta}{2}}$$

解② $F_1 = F_2 = \dfrac{F}{2\sin\dfrac{\theta}{2}}$

解答 3

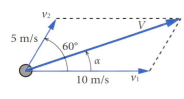

2-3 節の例題①の F_1 が v_2、F_2 が v_1 になるので注意

$$V = \sqrt{v_1^2 + 2v_1 v_2 \cos\theta + v_2^2}$$

$$= \sqrt{10^2 + 2 \times 10 \times 5 \times \cos 60° + 5^2} = 13.2 \text{ m/s}$$

$$\alpha = \tan^{-1}\frac{v_2 \sin\theta}{v_1 + v_2 \cos\theta}$$

$$= \tan^{-1}\frac{5 \times \sin 60°}{10 + 5 \times \cos 60°} = 19.1°$$

解 $V = 13.2$ m/s、$\alpha = 19.1°$

column

ベクトルの始点

　ベクトルは、数学で学習します。2-1節で、数学のベクトルという表現をしました。

　力学では、数学で扱うベクトルの一部を利用し、始点を限定するなど、扱い方の異なる点があるので、強調した表現です。

　図の航空機が速度vで並進するときには、すべての点で速度が等しいので、ベクトルの始点を限定する必要はなく、質点の運動とみなせます。

　航空機が旋回するときには、各部分の速度が異なるので、ベクトルの始点を限定しなくてはなりません。

図●並進　vは始点を限定しない

質点とみなせる

図●旋回　始点が限定される

$v_L < v_C < v_R$

　力のベクトルは、始点を作用点として限定します。図の例で、床と物体間に摩擦がある場合、力Fの作用する位置によって力の効果が異なります。ですから、作用点を限定することが必要になり、力を平行移動することはできないのです。

　氷の上に置かれた荷物を移動させる場合、摩擦が極めて小さいとすれば、始点の位置は、ほとんど影響しないともいえます。

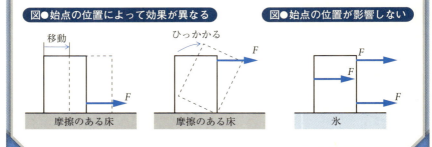

図●始点の位置によって効果が異なる

移動　　　ひっかかる

摩擦のある床　　摩擦のある床

図●始点の位置が影響しない

氷

第3章
力のつり合い

機械にはいろいろな力が加わり、機械も外部へ力を与えます。機械や機械の部品に力の出入りがあっても、全体として力がつり合うとき、機械は静止します。このような状態の力を扱う分野を静力学と呼びます。

- 3-1 いろいろな力
- 3-2 一点に働く力のつり合い
- 3-3 二点に働く力の合力
- 3-4 二点に働く力の合力の計算
- 練習問題●力のつり合い
- 3-5 力のモーメント
- 3-6 偶力のモーメント
- 3-7 力のモーメントのつり合い
- 3-8 はりの支点反力
- 練習問題●力のモーメント
- 3-9 剛体のつり合い
- 3-10 重心
- 3-11 図心と重心の位置
- 3-12 図心と穴部品の重心
- 3-13 立体の重心を求める
- 3-14 重心を測る
- 練習問題●重心
- column●力のつり合いを考えるコツ

3-1 いろいろな力

私たちのまわりにはいろいろな力があります。本書に関係するおもな力を挙げました。

① 力（外力）と重力

・**力**（外力）は、物体に外部から働き、物体の自然な状態を変化させます。

・**重力**は、地球が物体を引き寄せることで生まれる、物体の質量に比例した力です。一般には、重力加速度を $g = 9.8 \text{ m/s}^2$ として計算します。

手が球を支えて静止させる力は、球の重力と同じ大きさで逆向きの力です。

② 慣性力と張力

・**慣性力**は、非慣性系にある物体が慣性によって、非慣性系の加速度と逆向きにもつように働く力です。遠心力は、回転運動する物体に生じる慣性力です。

・**張力**は、ロープなどが物体に与える引っ張る力です。ハンマー投げでは、ワイヤの張力が球を回転させる向心力となって、球の遠心力を生みます。

③ 摩擦力

摩擦力は、物体が他の物体に接触して運動するとき、接触面で互いの運動と逆向きに生じる作用・反作用の力です。床に置いた荷物を、小さな力で押しても動かず、力を大きくすると荷物が動き、その後は力を弱めても押し続けることができます。これは、摩擦力の大きさが変わるからで、動く前を**静止摩擦力**、動き出す瞬間を**最大静止摩擦力**、動いているときを**動摩擦力**と呼びます。

④ 弾性力

外力によって変形を受けた弾性体が元の形状に戻ろうとする力を**弾性力**または**復元力**と呼びます。与えられたエネルギーを保存する保存力です。

⑤ 浮力

流体内で物体が押しのけた体積の流体に働く重力が、物体に鉛直上向きに働く力を**浮力**と呼びます。浮力が物体の重力より大きいとき、物体は浮きます。

図●いろいろな力

① 力（外力）と重力

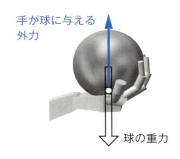

② 慣性力と張力

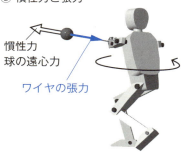

③ 摩擦力

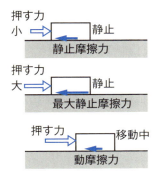

④ 弾性力

⑤ 浮力

熱気球の重力よりも熱気球が押しのけた空気の重力が大きいので熱気球が浮く。

3-2 一点に働く力のつり合い

　一点に複数の力が作用して静止するとき、力がつり合うといいます。ベクトルの合成と分解をもとにして、一点に働く力のつり合いを求めます。

◎ 2力のつり合い

　重量Wの球を力Fで支えて静止する関係を質点に働く力として考えます。このとき、2力は、**等しい作用線、等しい大きさ、逆向きの力**の関係にあります。これが、2力のつり合いの条件です。

◎ 力のつり合い

　点Oに働く3力F_1、F_2、F_3が、次の①、②、③のどれかを満たせば、3力はつり合います。力がいくつあってもつり合いの調べ方は同じです。

① 任意の2力の合力が、残りの力とつり合うとき

　合力をとる力の組み合わせは任意です。例では、F_1とF_3の合力をF_{13}として、F_{13}とF_2がつり合うので、3力はつり合いの状態にあります。

② 3力でつくる力の三角形が閉じるとき

　力F_1、F_2、F_3で、すべてのベクトルの始点と終点を接続するように平行移動して、矢印がループ状に組めたとき、これを**閉じた三角形**と呼び、力がつり合っていることを示します。例のようにベクトルの移動順でループの向きは変わります。しかし、向きには関係せず、三角形が閉じればよいのです。力が4つ以上ならば、閉じた多角形ができます。

③ 力の総和がゼロのとき

　「2-6　複数のベクトルの合成計算」で、ベクトルを分解してから合成して合力を求めた方法を使います。

　力のベクトルを任意の方向に分解した成分を**分力**と呼びます。点Oを原点としたxy直交座標をつくり、3力のx軸方向分力、y軸方向分力を求めます。求めた分力の合計がx軸方向、y軸方向ともにゼロであるとき、合力ゼロで、力がつり合います。これを**力の総和がゼロ**といいます。

図●2力のつり合い

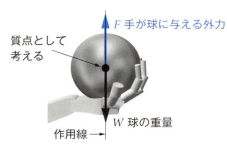

2力のつり合いの条件
・等しい作用線
・等しい大きさ
・逆向きの力

図●力のつり合い

3力のつり合いを調べます。

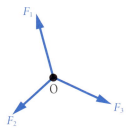

① F_1 と F_3 の合力 F_{13} が F_2 とつり合う

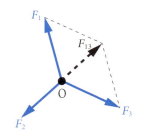

② 始点と終点でループを
つくる閉じた三角形

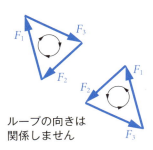

ループの向きは
関係しません

③ x、y 軸方向に分解した
力の総和がゼロ

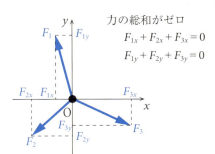

力の総和がゼロ
$F_{1x} + F_{2x} + F_{3x} = 0$
$F_{1y} + F_{2y} + F_{3y} = 0$

例題1 図の3力 F_1、F_2、F_3 とつり合う力 F を求めなさい。

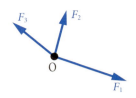

> **考え方**
> ・力の多角形を閉じさせる力 F を求める。
> ・すべてのベクトルの始点と終点を接続して閉じた多角形をつくる。

解答例

F を点 O に加えた

例題2 図の力 $F_1 \sim F_5$ とつり合う力 F を求めなさい。

> **考え方**
> ・x 方向分力と y 方向分力から、$F_1 \sim F_5$ の合力 F_{15} をつくる。
> ・合力 F_{15} と逆向きのベクトルがつり合う力 F になる。

解答例

図●例題2

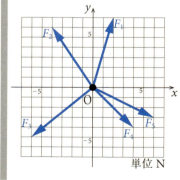

単位 N

軸方向分力		
	x	y
F_1	2	7
F_2	−4	6
F_3	−6	−5
F_4	4	−4
F_5	6	−3
F_{15}	2	1
F	−2	−1

← $F_1 \sim F_5$ の合力
← 逆向きの力 $F = -F_{15}$
$-F_{15}(x,y) = F(-x,-y)$ としてつくる。

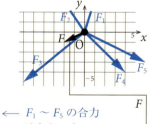

例題3
重量 $W=100$ N の物体を3本のロープで天井からつり下げた。結び目Oに着目してそれぞれのロープの張力を求めなさい。

◎ 考え方
- ロープ1の張力は、点Oで下向きに働く。大きさは W。
- ロープ2と3の張力は、点Oで斜め上向きに働く。
- 点Oで3力のつり合いをとる。
- 張力の大きさは、水平・垂直方向の分力のつり合いから求める。

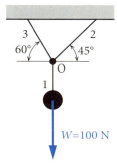

解答例

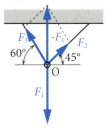

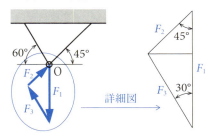

水平分力のつり合い

$F_2 \sin 45° = F_3 \sin 30°$ $F_2 \dfrac{1}{\sqrt{2}} = F_3 \dfrac{1}{2}$ … 式(1) $\therefore F_2 = F_3 \dfrac{\sqrt{2}}{2}$ … 式(2)

垂直分力のつり合い

$F_1 = F_2 \cos 45° + F_3 \cos 30°$ $F_1 = F_2 \dfrac{1}{\sqrt{2}} + F_3 \dfrac{\sqrt{3}}{2}$ … 式(3)

式(3)に式(1)または、式(2)を代入して

$$F_1 = F_3 \dfrac{1}{2} + F_3 \dfrac{\sqrt{3}}{2} = F_3 \dfrac{1+\sqrt{3}}{2}$$

$$\therefore F_3 = F_1 \dfrac{2}{1+\sqrt{3}} = 100 \times \dfrac{2}{1+\sqrt{3}} = 73.2 \text{ N}$$

この結果を式(2)を代入して

$$F_2 = F_3 \dfrac{\sqrt{2}}{2} = 73.2 \times \dfrac{\sqrt{2}}{2} = 51.8 \text{ N}$$

解 $F_1=100$ N、$F_2=51.8$ N、$F_3=73.2$ N

3-3 二点に働く力の合力

　二点に働く力を合成します。力は、作用線上を直線移動させることができるという性質と、つり合う力は他の力に影響を与えないことを利用します。

◎ 任意の交差角をもつ2力の合力

　点Aに作用する力F_A、点Bに作用する力F_Bの合力Fを次のように求めます。
① 2力を作用線上で直線移動させる
　（1）2力の作用線を延長して、交点をOとします。
　（2）点OにF_A、F_Bの始点を移動して力の平行四辺形から合力Fを求めます。
② 任意のつり合う力を利用する
　（1）直線ABを作用線として、点A、Bにつり合う2力F'、$-F'$をつくります。
　（2）点Aに合力AP、点Bに合力BQをつくります。
　（3）AP、BQの作用線を延長して交点をOとします。
　（4）点OにAP、BQの始点を移動して、OP'、OQ'から合力Fを求めます。
　2力F'、$-F'$はつり合うので、F_A、F_Bの力の効果には影響を与えません。
　ここで、①と②で求めた合力Fの位置が違うけれど？　と疑問をもたれるかもしれません。力は作用線上を直線移動させることができます。①と②で求めた合力Fは、大きさ、向き、作用線が同一なので等しいのです。

◎ 平行な2力の合力

　力の作用線が平行な2力F_A、F_Bでは、①のように作用線の交点Oがつくれません。そこで、②の方法を使うのです。
③ 同じ向きの平行2力の合成
　②の方法そのままで、合力Fを求められます。合力の作用線は、F_A、F_Bの作用線の内側にできます。合力Fの大きさは、F_AとF_Bの大きさの和です。
④ 逆向きの平行2力の合成
　作図の方法は、②と同様です。合力の作用線は、F_A、F_Bの作用線の外側

にできます。合力 F の大きさは、F_A と F_B の大きさの差です。

図●任意の交差角をもつ2力の合成

① 2力を作用線上で直線移動させる　　② 任意のつり合う力（F' と $-F'$）を利用する

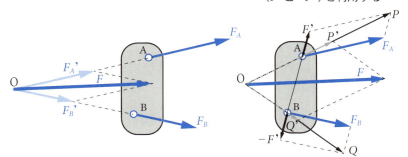

①と②の F は、大きさ、向き、作用線が同一
力は、作用線上を移動できるので、2つの力は等しい。

図●平行な2力の合成

③ 同じ向きの平行2力の合成　　　　　④ 逆向きの平行2力の合成

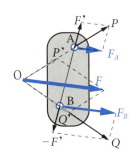
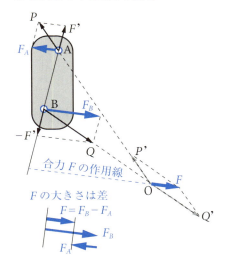

F の大きさは和　　　　　　　　　　F の大きさは差

$F = F_A + F_B$　　　　　　　　　　　$F = F_B - F_A$

3-4 二点に働く力の合力の計算

3-3節で作図で求めた二点に働く力の合力を計算で求めます。力は、作用線上を移動させて考えることができるという性質から合力の位置を求めます。

例題1 点Aに作用する力F_Aと点Bに作用する力F_Bの交差角をθとする。合力Fの大きさとF_Bからの傾きαを求めなさい。

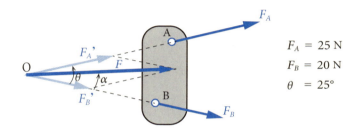

$F_A = 25$ N
$F_B = 20$ N
$\theta = 25°$

> ★考え方
> ・2-3節の「挟角をもつ2つのベクトルの合成」でつくった式を利用します。

解答例

●合力Fの大きさ

$$F = \sqrt{F_A{}^2 + 2F_A F_B \cos\theta + F_B{}^2}$$
$$= \sqrt{25^2 + 2\times 25\times 20\times \cos 25° + 20^2} = 43.9 \text{ N}$$

●F_Bからの傾きα

$$\alpha = \tan^{-1}\frac{F_A \sin\theta}{F_B + F_A \cos\theta}$$
$$= \tan^{-1}\frac{25\times \sin 25°}{20 + 25\times \cos 25°} = 14.0°$$

解 $F = 43.9$ N、$\alpha = 14°$

例題 2 点 A に作用する力 F_A と点 B に作用する力 F_B が同じ向きで平行なとき、合力 F の大きさと作用線の位置を求めなさい。

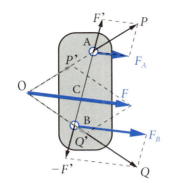

$F_A = 10$ N
$F_B = 20$ N
AB 間の距離 $= 100$ mm

F の大きさは和
$F = F_A + F_B$

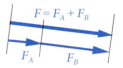

✪ 考え方

- 合力の大きさは $F = F_A + F_B$ です。作用線は 2 つの力の作用点の間にあります。
- 2 つの作用点を結ぶ線分と合力の作用線の交点 C を求めて位置を特定します。

解答例

●合力 F の大きさ　　$F = F_A + F_B = 10 + 20 = 30$ N

●作用線の位置

線分 AB と合力 F の作用線の交点を C とする

三角形 ACO で $AC : CO = F' : F_A$ ∴ $AC \cdot F_A = CO \cdot F'$ …(1)

三角形 BCO で $BC : CO = F' : F_B$ ∴ $BC \cdot F_B = CO \cdot F'$ …(2) ← $-F'$ の絶対値を考える

(1) と (2) から　$AC \cdot F_A = BC \cdot F_B$　または、$AC : BC = F_B : F_A$

$AC + BC = AB = 100$ mm

$AC : BC = F_B : F_A = 20 : 10 = 2 : 1$　から

点 C を、線分 AB を $F_B : F_A$ で内分する内分点と呼ぶ。

$AC = AB \times \dfrac{F_B}{F_A + F_B} = 100 \times \dfrac{2}{1+2} = 66.7$ mm

解 $F = 30$ N
作用線は点 A から 66.7 mm の位置

| 練習問題 | 力のつり合い |

問題1 $W_1=20$ N、$W_2=15$ N、$W_3=20$ Nのおもりを、よく回る滑車と糸を使って、図①のようにセットしたところ、図②のように点Aが下降した後に静止した。静止状態における点Aの力のつり合いを作図して、図からα、βを読み取りなさい。

✪ 考え方
- 静止状態では、点AでW_1、W_2、W_3がつり合う。
- 力の比率を正しくとり、大きな矢印で閉じた三角形をつくる。
- 閉じた三角形の形は3-2節の例題3を参照。
- 3辺の長さ（力）がわかっている三角形を描けばよい。

① おもりをセット

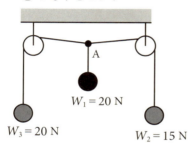

② 点Aが下降途中

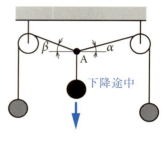

問題2 問題1の閉じた三角形からαとβを計算で求めなさい。

✪ 考え方
- 図形の解き方にはいろいろな方法が考えられます。
- 三辺がわかっている三角形の角度には、余弦定理が使えます。

図● 三角形の余弦定理

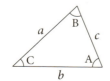

$a^2 = b^2 + c^2 - 2bc \cos A$
$b^2 = c^2 + a^2 - 2ca \cos B$
$c^2 = a^2 + b^2 - 2ab \cos C$

解答1

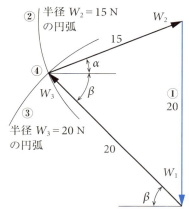

3辺の長さが与えられた三角形を描く
作図の順序
① W_1 を描く。
② W_1 の始点を中心に半径 W_2 の円を描く。
③ W_1 の終点を中心に半径 W_3 の円を描く。
④ 2つの円の交点が W_2 と W_3 の接続点になる。
⑤ ④の交点から W_2 と W_3 を描く。

解 $\alpha = 22°$、$\beta = 46°$

解答2

三角形の3辺がわかっているので、三角関数の余弦定理から α と β を求めます。
解答1でつくった三角形の各頂点の内角と辺に、次の図のようにA、B、C、a、b、c という名前を付けて考えます。

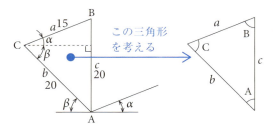

3辺と角度の関係には
余弦定理が使える

$$a^2 = b^2 + c^2 - 2bc \cos A$$
$$b^2 = c^2 + a^2 - 2ca \cos B$$
$$c^2 = a^2 + b^2 - 2ab \cos C$$

$a^2 = b^2 + c^2 - 2bc \cos A$
から A を求める。

$2bc \cos A = b^2 + c^2 - a^2$
$\cos A = \dfrac{b^2 + c^2 - a^2}{2bc}$
$\therefore A = \cos^{-1} \dfrac{b^2 + c^2 - a^2}{2bc}$

↳ B、C も同様です

$A = \cos^{-1} \dfrac{b^2 + c^2 - a^2}{2bc}$
$= \cos^{-1} \dfrac{20^2 + 20^2 - 15^2}{2 \times 20 \times 20}$
$= 44.0°$

$B = \cos^{-1} \dfrac{c^2 + a^2 - b^2}{2ca}$
$= \cos^{-1} \dfrac{20^2 + 15^2 - 20^2}{2 \times 20 \times 15}$
$= 68.0°$

三角形の内角の和から
$\alpha = 180 - (90 + B) = 180 - (90 + 68) = $ **22°**
$\beta = 180 - (90 + A) = 180 - (90 + 44) = $ **46°**

問題3 重量 $W = 2000$ N の物体を部材 AB と BC で支えている。点 A、B、C は自由に回転できるピンで接続され、2つの部材を曲げたりねじる力は働かないものとする。①点 B における力のつり合いを図示しなさい。②部材 AB と BC が点 B から受ける力の種類（引っ張り、圧縮）と力の大きさ F_{AB}、F_{BC} を求めなさい。

> ○ 考え方
> ・点 B での3力のつり合いは、閉じた三角形で表しましょう。
> ・力を水平方向右向きを＋、垂直方向上向きを＋として分解して考えましょう。
> ・部材が点 B に力 F_1、F_2 を与えるとき、部材は点 B から F_1'、F_2' を受けます。

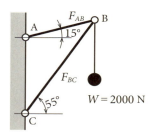

● F_1、F_2 を、部材が外部から受ける外力 F_1'、F_2' に抵抗して生まれる内力と呼びます。

図●部材の外力と内力

問題4 水平との傾き θ の斜面で、重量 $W = 100$ N の荷物、荷物を水平に押す力 $F = 50$ N、斜面と平行なワイヤで滑車を介して荷物につないだおもりの重量 $w = 40$ N がつり合っている。斜面と滑車は運動を妨げないものとして、θ を求めなさい。

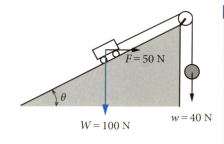

> ○ 考え方
> ・斜面に沿った下向きの分力を＋として、つり合いを考える。

72

解答3

① 点Bで閉じた力の三角形をつくります。
② 水平、垂直方向の力のつり合いから F_{AB} と F_{BC} を求めます。

①点 B のつり合い

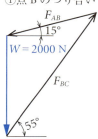

ベクトルの符号は、上向き＋、右向き＋とします

水平方向のつり合い
　　$-F_{AB} \cos 15° + F_{BC} \cos 55° = 0$ 　　…式（1）

垂直方向のつり合い
　　$-F_{AB} \sin 15° + F_{BC} \sin 55° - 2000 = 0$ 　…式（2）

式（1）から
　　$F_{AB} \cos 15° = F_{BC} \cos 55°$

　　$\therefore F_{AB} = \dfrac{F_{BC} \cos 55°}{\cos 15°} = 0.594\, F_{BC}$ 　…式（1）'

式（2）に式（1）'を代入して
　　$-0.594\, F_{BC} \sin 15° + F_{BC} \sin 55° - 2000 = 0$

　　$F_{BC}(\sin 55° - 0.594 \sin 15°) = 2000$

　　$\therefore F_{BC} = \dfrac{2000}{\sin 55° - 0.594 \sin 15°} = \boxed{3006\text{ N}}$ 　…式（3）

式（1）'に式（3）を代入して　$F_{AB} = 0.594\, F_{BC} = 0.594 × 3006 = \boxed{1786\text{ N}}$

> **解**　$F_{AB} = 1786\text{ N}$　引っ張り、$F_{BC} = 3006\text{ N}$　圧縮

解答4

力のつり合いを式にする。
$W \sin \theta - w - F \cos \theta = 0$
$W \sin \theta - w = F \cos \theta$　　　　条件を代入します
$100 \sin \theta - 40 = 50 \cos \theta$
$100 \sin \theta - 40 = 50 \sqrt{1 - \sin^2 \theta}$　　三角関数を sin だけにする
$100^2 \sin^2 \theta - 8000 \sin \theta + 40^2 = 50^2 - 50^2 \sin^2 \theta$
$12500 \sin^2 \theta - 8000 \sin \theta - 900 = 0$　　　$\sin \theta$ の2次方程式ができた

$\sin \theta = \dfrac{-(-8000) \pm \sqrt{8000^2 - 4 × 12500 × (-900)}}{2 × 12500}$

　　$= \dfrac{8000 \pm 10440}{25000} = 0.74, -0.1$　　電卓ならば解ける

$\sin \theta = 0.74$ を使って　$\therefore \theta = \sin^{-1} 0.74 = 47.7°$

●三角比の平方関係
$\sin^2 \theta + \cos^2 \theta = 1$ から
$\cos \theta = \sqrt{1 - \sin^2 \theta}$

●2次方程式の解の公式
$ax^2 + bx + c = 0$
$x = \dfrac{-b \pm \sqrt{b^2 - 4ac}}{2a}$

> **解**　$\theta = 47.7°$

3-5 力のモーメント

物体を回転させようとする能力がモーメントです。モーメントの発生源はいろいろあり、力を発生源とするモーメントを**力のモーメント**と呼びます。

力のモーメント

力のモーメントは、回転の中心点を基準として、物体を反時計回りに回転させる向きを正とし、力の大きさ F と腕の長さ L との積として求めます。

腕と力の条件が垂直でない場合は、以下のようにして求めます。

① **力に垂直な腕の長さを求める** 力の作用線と中心点との垂直距離を求めて腕の長さにします。
② **腕に垂直な分力を求める** 力を腕に沿った方向と腕に垂直な方向に分解します。腕に沿った分力は、中心点に回転力を与えないので、使いません。

図●力のモーメント

$M = FL$

F　力 [N]
L　腕の長さ [m、mm]
M　力のモーメント [N m、N mm]

① 腕の長さを求める

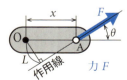

力 F

腕の長さ L

$$\frac{L}{x} = \sin\theta$$

$$\therefore L = x\sin\theta$$

力のモーメント M

$M = FL = \boxed{Fx\sin\theta}$

② 垂直な力を求める

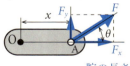

腕の長さ x

F の垂直分力 F_y と水平分力 F_x
　　　　　　　　　　F_x は使わない

$$\frac{F_x}{F} = \cos\theta \quad \therefore F_x = F\cos\theta$$

$$\frac{F_y}{F} = \sin\theta \quad \therefore F_y = F\sin\theta$$

力のモーメント M

$M = F_y x = \boxed{Fx\sin\theta}$

◎ トルク

機械工学では、回転軸に与える力のモーメントや回転軸が発生する力のモーメントを**トルク**と呼びます。自転車のペダルをこぐ脚力は、クランク軸にトルクを与え、モーターの出力軸の回転は、外部へトルクを与えます。

図●トルク

●FL から M へ

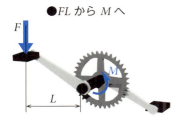

●M から FL へ

例題 ねじを締める作業で、スパナと腕が次のような角度にあった。スパナの長さ $L = 200$ mm、手の力 $F = 30$ N として、ねじの中心 O に与える力のモーメント M の大きさを求めなさい。

図●例題

解答例

① 力 F に垂直なスパナの腕の長さ L' から求めます。

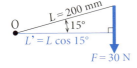

$M = FL'$
 $= FL \cos 15°$
 $= 30 \times 200 \times \cos 15° = 5796$ N mm

② スパナの長さ L に垂直な手の分力 F' から求めます。

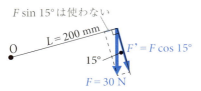

$M = F'L$
 $= F \cos 15° L$
 $= 30 \times \cos 15° \times 200 = 5796$ N mm

解 時計回りに 5796 N mm または 5.796 N m

3-6 偶力のモーメント

同じ大きさ、作用線が平行、逆向きの2力のペアを**偶力**と呼びます。偶力は、力の総和がゼロで、物体を回転させるモーメントを生みます。

◉ 偶力のモーメント

直径 d のハンドルの両側に力 F を与えたとき、ハンドルに働く外力の総和はゼロで、力がつり合っているためハンドルは移動しません。

ここで、ハンドルの中心点Oを基準として2つの力のモーメントの合計をとると、$+F\times(d/2)+F\times(d/2)=+Fd$ という、ハンドルを回そうとする力のモーメントが生まれます。

このように、同じ大きさ、間隔をもつ平行な作用線、逆向きの一対の力を偶力と呼び、合力がゼロでも回転させる力のモーメントをもちます。作用線の間隔 d を**偶力の腕**と呼び、発生するモーメントを**偶力のモーメント**と呼びます。

◉ 偶力のモーメントの基準点は任意

偶力のモーメントの基準点Oは、偶力の腕の中心だけでなく任意にとれます。次の例で、2つの力それぞれのモーメントから偶力のモーメントを求めてみましょう。

① **点Oが偶力の間にあるとき**　点Oの左右のモーメントの腕の長さの和 $a+b$ が偶力の腕の長さ d になるので、偶力のモーメントは、$+Fd$ です。

② **点Oが偶力の外にあるとき**　偶力の外でつくる力のモーメントは、符号が逆になり打ち消されるので、偶力のモーメントは、$+Fd$ です。

③ **点Oが偶力から離れているとき**　力のモーメントは作用線と垂直な腕の長さで決まるので、②と同じ結果となり、偶力のモーメントは、$+Fd$ です。

以上のことから、偶力のモーメントは、どこを計算の基準としても、偶力×偶力の腕の長さで決まります。

つまり、偶力だけを受ける剛体には、剛体を単独で回転させる偶力のモーメントが働くのです。

図●偶力のモーメント

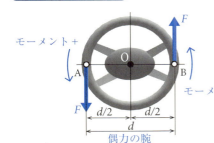

● 一対の力 F を偶力と呼ぶ

● 偶力のモーメント M

$$M = +F\frac{d}{2} + F\frac{d}{2} = \boxed{+Fd}$$

それぞれが
点 O の左右のモーメント

図●偶力のモーメントの基準点は任意

① 点 O が偶力の間にあるとき

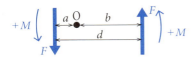

$$M = +Fa + Fb = F\underbrace{(a+b)}_{a+b=d} = \boxed{+Fd}$$

② 点 O が偶力の外にあるとき

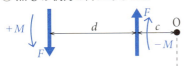

$$M = +F(d+c) - Fc = F(d+c-c) = \boxed{+Fd}$$

③ 点 O が偶力から離れているとき

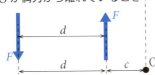

$$M = +F(d+c) - Fc = F(d+c-c) = \boxed{+Fd}$$

点 O がどこにあっても力の
モーメントの腕の長さは、
作用線までの垂直距離。

● 偶力のモーメントは単独で働く

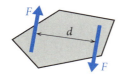

偶力だけを受ける剛体には、
剛体を単独で回転させる偶力
のモーメント Fd が働く

$$\boxed{M = -Fd}$$

3-7 力のモーメントのつり合い

複数の力の合力とつり合いを求めるには、力のモーメントが便利です。いくつの力があっても、モーメントの総和がゼロになるように考えましょう。

例題1 長さ $L = 1$ m の棒材の A 端に $F_A = 300$ N、B 端に $F_B = 600$ N、A 端から $L' = 250$ mm の点 C に $F_C = 400$ N の平行力が棒材と直角に働いている。このとき、棒材がつり合うために必要な力 F を求めなさい。

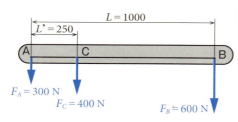

◎ 考え方
- 求める力は、合力とつり合う。
- 基準点を決めてモーメントの総和をゼロとする。

解答例

① 3力の合力を F' とすれば、$F = -F'$ です。

$F' = F_A + F_B + F_C = 300 + 600 + 400 = 1300$ N　下向きなので、F は上向きに 1300 N

② A 端を基準として力のモーメントの総和 M をゼロとした式をつくります。

F の作用点を A 端から x の点、反時計回りのモーメントを + とします。

$M = F_A \times 0 - F_C L' - F_B L + Fx = 0$　←F_A が基準点なので、F_A の腕の長さはゼロ

$$\therefore x = \frac{F_C L' + F_B L}{F} = \frac{400 \times 250 + 600 \times 1000}{1300} = 538.5 \text{ mm}$$

解 $F = 1300$ N（上向き）、作用点は、A 端から B 端へ向かって 538.5 mm

ポイント

腕の長さをゼロにできる点を基準にすると、力のモーメントを1つ消すことができます。

例題2 3-4節の例題2で、合力Fの作用線を三角形の辺の長さの比から求めました。これをモーメントのつり合いで求めなさい。作用線と線分ABの交点をCとする。

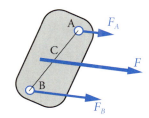

$F_A = 10$ N

$F_B = 20$ N

AB間の距離 $= 100$ mm

$F = F_A + F_B = 10 + 20 = 30$ N

✪ 考え方

・平行力なので、合力の大きさは、$F = F_A + F_B = 10 + 20 = 30$ N となる。
・モーメントの基準点をA、長さをAB $= L$、AC $= x$ として式をつくる。

解答例

・モーメントの定義からすれば、力と腕を直角にしなければならない。
・そこで、力に直角な腕の長さ成分を線分ABとの傾きθとして求める。

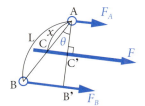

$\dfrac{AB'}{L} = \cos\theta \quad \therefore AB' = L\cos\theta$

$\dfrac{AC'}{x} = \cos\theta \quad \therefore AC' = x\cos\theta$

●点Aを基準とするので、F_BとFの力のモーメントが等しい

$F_B L \cos\theta = Fx \cos\theta$ 両辺を$\cos\theta$で割って $F_B L = Fx$

$\therefore x = \dfrac{F_B L}{F} = \dfrac{20 \times 100}{30} = 66.7$ mm

便宜上つくった変数は、必ず消える

・解答例で、θは、便宜上つくった変数なので、必ず消えてしまいます。
・三角形ABB'と三角形ACC'から AB:AC $=$ AB':AC' が明らかです。
・つまり、AB'とAC'をつくらずに、はじめから$F_B L = Fx$として考えてよいのです。

3-8 はりの支点反力

おもに鉛直方向に材料を曲げようとする外力を受ける棒状の部材を**はり**と呼び、材料力学や建築で扱う分野です。力のモーメントがポイントです。

🔵 はりの表し方

はりは、機械工学の材料力学における重要なテーマです。機械力学と同様に力を扱いますが、力の表し方が少し異なります。

図は、部材の両端を支持する**両端支持はり**の例です。はりに作用する外力を**荷重**と呼び、荷重のベクトルの終点を部材の着力点に付けて描きます。

支点Aの△は、はりが自由に回転できる**回転支点**。支点Bの○は、はりが自由に移動できる**移動支点**を表しています。

絶対的なものではありませんが、多くの図面で採用される一般的な描き方です。

図●両端支持はり

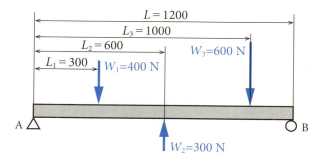

🔵 支点反力を求める

支点がはりを支えるために、はりに与える力を**支点反力**と呼びます。はりの問題を解く第一歩が、支点反力を求めることです。

支点反力は、力のつり合いと力のモーメントのつり合いから求めます。

上の図の支点Aの反力R_Aと支点Bの反力R_Bを求めてみましょう。

●下向きの力を＋として、力の総和ゼロの式をつくる。

・はりに作用する外力は、荷重と支点反力です。
・支点反力は上向きなので、－です。

$$W_1 - W_2 + W_3 - (R_A + R_B) = 0$$ から $\boxed{W_1 - W_2 + W_3 = R_A + R_B}$ …式（1）

●反時計回りのモーメントを＋として、力のモーメントの総和ゼロの式をつくる。

・力のモーメントの基準点は、任意に決定できます。
・支点Aを基準点とすれば、支点反力R_Aのモーメントはゼロになるので、未知数R_Aが1つなくなり、未知数はR_Bだけの式ができます。

$$-W_1 L_1 + W_2 L_2 - W_3 L_3 + R_B L = 0$$ から $R_B L = W_1 L_1 - W_2 L_2 + W_3 L_3$

$$\therefore \boxed{R_B = \frac{W_1 L_1 - W_2 L_2 + W_3 L_3}{L}} \quad \text{…式（2）}$$

●式（2）から支点反力R_Bを求め、結果を式（1）へ代入してR_Aを求める。

$$\therefore R_B = \frac{400 \times 300 - 300 \times 600 + 600 \times 1000}{1200} = \boxed{450 \text{ N}}$$

式（1） $W_1 - W_2 + W_3 = R_A + R_B$

$$\therefore R_A = W_1 - W_2 + W_3 - R_B = 400 - 300 + 600 - 450 = \boxed{250 \text{ N}}$$

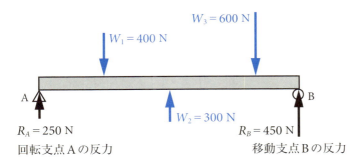

$R_A = 250$ N
回転支点Aの反力

$R_B = 450$ N
移動支点Bの反力

力の総和ゼロ
力のモーメントの総和ゼロ
ではりがつり合っています。

解　$R_A = 250$ N　、　$R_B = 450$ N

練習問題　力のモーメント

問題1 自転車で走行中にクランクまわりの状態が図のようになった。次の設問に答えなさい。
① 脚力 F_R がクランク軸に与えるトルク T [N m]
② チェーンを引っ張る力 F

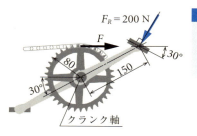

◎ 考え方
- 脚力 F_R とモーメントの腕を直角にする。
- 長さの単位を m に換算する。
- クランク軸とスプロケットのトルクは等しい。

問題2 長さ $L = 1000$ mm、重量 $w = 10$ N の棒の下端Oを自由に回転できるように垂直な壁に取り付け、点Oから750 mmの点Bに結んだワイヤABを水平に引き、棒が水平から45°傾くように壁に固定した。上端Pに重量 $W = 200$ N のおもりをつるしたとき、点Bに作用するワイヤの張力 F_B を求めなさい。

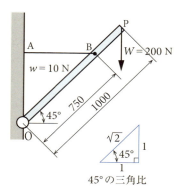

◎ 考え方
- 棒の重量 w が、棒の中央に働く。
- 力の水平方向成分からモーメントのつり合いをとると F_B が直接求められる。
- 棒に直角な方向の力の成分からモーメントのつり合いをとり、水平方向成分 F_B を求める。
- mm 単位では、数値の桁が大きくなるので、長さを m にすると式が見やすい。

解答1

図● F_R に直角な腕の長さ L をとった例

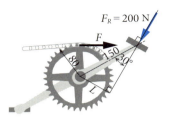

① クランク軸に与えるトルク T

トルク T、モーメントの腕の長さ L とする。

図から $L = 150 \times \sin 30°$ mm から m への換算

$T = F_R L = 200 \times 150 \times \sin 30° \times 10^{-3} = 15$ N m

② チェーンを引っ張る力 F

トルク T がスプロケットに与えられる。
スプロケットの半径を R とする。

$T = FR \quad \therefore F = \dfrac{T}{R} = \dfrac{15}{80 \times 10^{-3}} = 187.5$ N

mm から m への換算

解 トルク $T = 15$ N m、力 $F = 187.5$ N

解答2

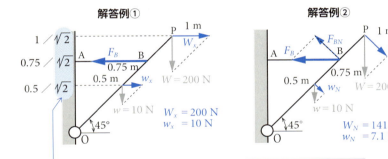

解答例① 水平方向成分からモーメントのつり合いをとる。

$-(0.5 w_x + 1 W_x) + 0.75 F_B = 0$ ← $\sqrt{2}$ 倍して、長さの比と考える

$\therefore F_B = \dfrac{0.5 w_x + 1 W_x}{0.75} = \dfrac{0.5 \times 10 + 200}{0.75} = 273$ N

解答例② 棒に直角な方向成分からモーメントのつり合いをとる。

$-(0.5 w_N + 1 W_N) + 0.75 F_{BN} = 0$

$\therefore F_{BN} = \dfrac{0.5 w_N + W_N}{0.75} = \dfrac{0.5 \times 7.1 + 141}{0.75} = 193$ N

$\therefore F_B = 193 \times \sqrt{2} = 273$ N

解 273 N

問題3 長さ$L = 1000$ mm、重量$w = 10$ Nの棒の上端Aを回転支点、下端Bを移動支点として、垂直な壁から60°傾けて設置した。点Bから200 mmの点に200 Nの荷重を与えたとき、点Aと点Bの支点反力を求めなさい。

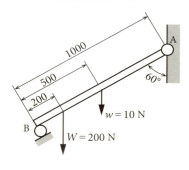

✪ 考え方
- 棒ABに沿ったWとwの分力をW_Pとw_P、その和をF_Pとする。
- 棒ABに直角なWとwの分力をW_Nとw_Nとする。
- ABをはりとみなしたときの点Aと点Bの支点反力をR_A、R_Bとする。
- 点Aには、F_Pの反力$-F_P$とR_Aの合力Rが生じる。
- 点Bには、R_Bだけが生じる。

問題4 正方形板ABCDに力F_1、F_2、F_3が働いて、つり合いがとれていない。この正方形をつり合わせる力Fを求めなさい。長さは、1目盛りあたり10 mm、力は、1目盛りあたり1 Nとします。

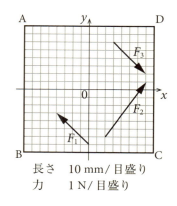

長さ　10 mm/目盛り
力　　1 N/目盛り

✪ 考え方
- F_1とF_3は偶力なので、合力がゼロで偶力のモーメントを生む。
- 偶力のモーメントは、逆回りで等しい大きさの偶力のモーメントで消す。
- FはF_2と偶力となり、偶力F_1、F_3と逆回りで等しい大きさのモーメントをつくる力。

解答3

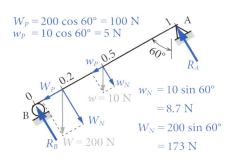

$W_P = 200 \cos 60° = 100$ N
$w_P = 10 \cos 60° = 5$ N
$w_N = 10 \sin 60° = 8.7$ N
$W_N = 200 \sin 60° = 173$ N

●AB に沿った分力
$F_P = W_P + w_P = 100 + 5 = 105$ N

●点 B を基準にモーメントの総和ゼロとして、R_A と R_B を求める。

$$-(0.2 W_N + 0.5 w_N) + 1 R_A = 0$$
$$\therefore R_A = 0.2 W_N + 0.5 w_N$$
$$= 0.2 \times 173 + 0.5 \times 8.7$$
$$= \underline{39.0 \text{ N}}$$

$R_A + R_B = W_N + w_N \quad \therefore R_B = W_N + w_N - R_A = 173 + 8.7 - 39 = \underline{142.7 \text{ N}}$

●点 A の反力 R は、F_P の反力 $-F_P$ と R_A の合力

$R_A = 39$ N　$-F_P = 105$ N

$$R = \sqrt{-F_P{}^2 + R_A{}^2} = \sqrt{105^2 + 39^2} = \underline{112 \text{ N}}$$

$$\theta = \tan^{-1} \frac{R_A}{F_P} = \tan^{-1} \frac{39}{105} = \underline{20°}$$

解　点Aの反力　ABと右上向きに20°傾いた112Nの力
　　点Bの反力　ABに直角上向きで142.7Nの力

解答4

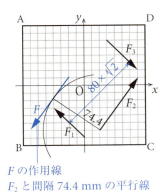

F の作用線
F_2 と間隔 74.4 mm の平行線

F_1 と F_3 は偶力

　力の大きさ　$4 \times \sqrt{2}$ N
　偶力の腕の長さ　$80 \times \sqrt{2}$ mm
　偶力のモーメント M は、時計回りに

$$M = 4 \times \sqrt{2} \times 80 \times \sqrt{2} = 640 \text{ N mm}$$

F_2 の力の大きさ　$\sqrt{5^2 + 7^2} = 8.6$ N

F は、F_2 とペアで反時計回りの偶力になる力

　力の大きさ　$F = -F_2$

　偶力の腕の長さ　$L = \dfrac{M}{F} = \dfrac{640}{8.6} = 74.4$ mm

解　Fは、大きさ8.6NでF_2と74.4 mmの腕の長さをもつ偶力となる力

3-9 剛体のつり合い

外力を受ける剛体がつり合う条件は、力の総和がゼロ、そして、力のモーメントの総和がゼロを同時に満たすことです。

例題 図に示す点A、B、C、Dをピンで接続した4節リンクで、節ADを基準とする。節BC = 100 mmの中央に力 F_1 = 40 Nが水平との傾き30°、節CD = 150 mmの中央に力 F_2 = 20 Nが水平との傾き45°で働いているとき、節ABに力 F を与えて、リンクのつり合いをとりたい。必要な力 F と作用点 a を求めなさい。

図●例題

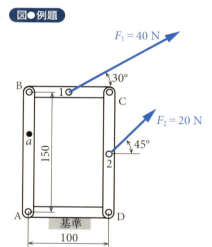

図●解答例①の分力

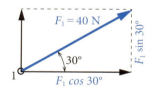

✱ 考え方
- 題意は、F を含めて3点に働く傾きのある力のつり合いを解くことです。
- 3点の力がつり合うのは、すべての力の水平方向分力と垂直方向分力が、それぞれの方向で、力の総和ゼロと力のモーメントの総和ゼロを同時に満たすときです。次のように考えましょう。
① F の水平方向分力 F_x と垂直方向分力 F_y を求める。
　3つの力の水平方向分力と垂直方向分力をとり、それぞれの方向で力の総和をゼロとしてつり合う力 F の水平方向分力 F_x と垂直方向分力 F_y を求める。
② ①の結果から、F の大きさと作用線の傾きを求める。

③ ①の結果から、水平方向、垂直方向別々にモーメントの総和をゼロとして、つり合う力Fの作用点を求める。
④ Fの作用線と節ABの交点を求める作用点aとする。

解答例

① 水平方向分力F_xと垂直方向分力F_yを求める。

●水平方向分力F_x

$F_1 \cos 30° + F_2 \cos 45° + F_x = 0$ ∴ $F_x = -(F_1 \cos 30° + F_2 \cos 45°)$

$F_x = -(40 \cos 30° + 20 \cos 45°) = \boxed{-48.8 \text{ N}}$ …式(1)

●垂直方向分力F_y

$F_1 \sin 30° + F_2 \sin 45° + F_y = 0$ ∴ $F_y = -(F_1 \sin 30° + F_2 \sin 45°)$

$F_y = -(40 \sin 30° + 20 \sin 45°) = \boxed{-34.1 \text{ N}}$ …式(2)

② Fの大きさと作用線の傾きを求める。

●式(1)、(2)からFの大きさを求める。

$F = \sqrt{F_x^2 + F_y^2} = \sqrt{-48.8^2 + (-34.1)^2} = \boxed{59.5 \text{ N}}$

●x軸との傾きαを求める。

$\alpha = \tan^{-1} \dfrac{F_y}{F_x} = \tan^{-1} \dfrac{34.1}{48.8} = \boxed{34.9°}$

解　$F = 59.5$ N、作用線の傾きα 34.9°

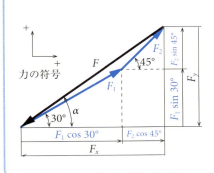

● **閉じた三角形**

上の計算を視覚的にしたものが、左の図です。これは、3-2節で説明した一点に集まる力の閉じた三角形です。

力は、平行移動できませんが、計算上では、平行移動と同じ処理をしています。

③ 点Aを基準として、Fの作用点 $(x、y)$ を求める。

図●力のモーメントに関係する情報

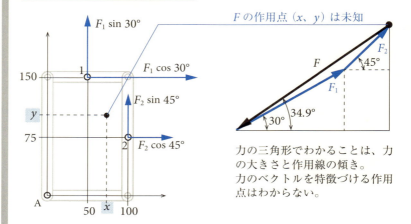

力の三角形でわかることは、力の大きさと作用線の傾き。力のベクトルを特徴づける作用点はわからない。

●水平方向のモーメントの総和をゼロとして x を求める。

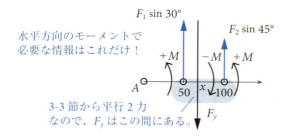

水平方向のモーメントで必要な情報はこれだけ！

3-3節から平行2力なので、F_y はこの間にある。

$+F_1 \sin 30° \times 50 + F_2 \sin 45° \times 100 - F_y x = 0$ から

$F_y x = F_1 \sin 30° \times 50 + F_2 \sin 45° \times 100$

$$\therefore x = \frac{F_1 \sin 30° \times 50 + F_2 \sin 45° \times 100}{F_y}$$

$$= \frac{40 \sin 30° \times 50 + 20 \sin 45° \times 100}{34.1} = 70.8 \text{ mm}$$

●垂直方向のモーメントの総和をゼロとして y を求める。

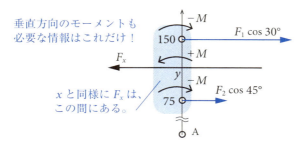

垂直方向のモーメントも必要な情報はこれだけ！

x と同様に F_x は、この間にある。

$-F_1 \cos 30° \times 150 - F_2 \cos 45° \times 75 + F_x y = 0$ から

$-(F_1 \cos 30° \times 150 + F_2 \cos 45° \times 75) = -F_x y$

$$\therefore y = \frac{F_1 \cos 30° \times 150 + F_2 \cos 45° \times 75}{F_x}$$

$$= \frac{40 \cos 30° \times 150 + 20 \cos 45° \times 75}{48.8} = \boxed{128.2 \text{ m}}$$

解 F の作用点 (70.8、128.2)

例題の別解

点 D を基準点、D から F_y までの距離を x' として x を求める。

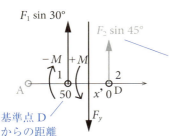

基準点 D からの距離

力のモーメントの基準点は、任意なので、点 D を基準点とすると、F_2 の垂直方向分力は、点 D に上向きの力を与えるだけで、水平方向の力のモーメントを生まない。　↑計算が簡単

y は点 A の場合と同じ。

$-F_1 \sin 30° \times 50 + F_y x' = 0$　から　$F_y x' = F_1 \sin 30° \times 50$

$$\therefore x' = \frac{F_1 \sin 30° \times 50}{F_y} = \frac{40 \sin 30° \times 50}{34.1} = \boxed{29.3 \text{ mm}}$$

$x = 100 - x' = 100 - 29.3 = \boxed{70.7 \text{ mm}}$　←$F_y = 34.1$ とした近似値による誤差

④ F の作用線と節 AB の交点 a を求める。

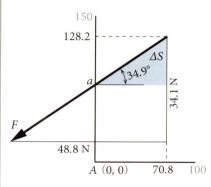

- 図形をどのように見るかの問題なので、解き方は自由です。
- 計算に必要な情報だけを左に抜き出しました。
- 水平分力と垂直分力は、長さの比として使えます。
- $x = 70.8$、$y = 128.2$、$\alpha = 34.9°$ として、以下に2つの解答例を示します。

● F の作用線は、右上がりの線分なので、y を直線の1次式で表し、垂直軸との切片 a を求めます。

F の傾きを $k = \dfrac{\text{垂直分力}}{\text{水平分力}}$ とします。

$y = kx + a$

$\therefore\ a = y - kx = 128.2 - \dfrac{34.1}{48.8} \times 70.8 =$ 78.7 mm

この部分の誤差による違いです。

● F の傾きを α として、三角形 ΔS の三角比から a を求めます。

$y = a + x \tan \alpha$

$\therefore a = y - x \tan \alpha = 128.2 - 70.8 \tan 34.9° =$ 78.8 mm

解 $a = 78.7$ mm

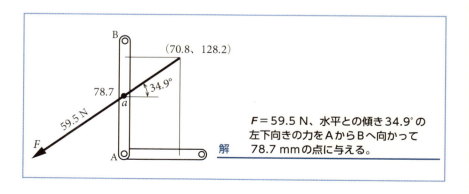

解 $F = 59.5$ N、水平との傾き 34.9° の左下向きの力を A から B へ向かって 78.7 mm の点に与える。

図から解いてみよう　図式解法

「3-3　二点に働く力の合力」を利用して、図から F を求めた例を示します。
①が、任意のつり合う力 F'、$-F'$ を利用する方法
②が、2力を作用線上で直線移動させる方法です。

線を明確にするために、説明用記号などを付けてありません。これまでの力試しを兼ねて、考えてみましょう。

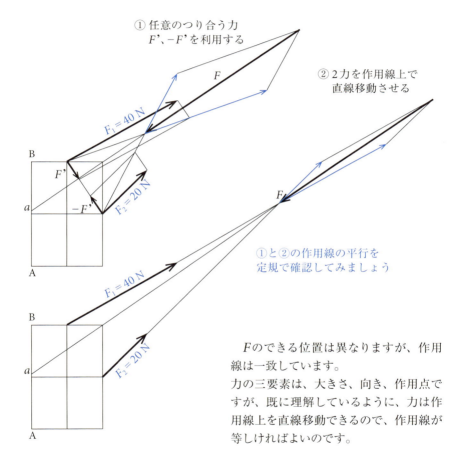

Fのできる位置は異なりますが、作用線は一致しています。
力の三要素は、大きさ、向き、作用点ですが、既に理解しているように、力は作用線上を直線移動できるので、作用線が等しければよいのです。

3-10 重心

物体を微小な部分の集合体と考えたとき、各部分に働く重力の合力が作用すると考えられる点を**重心**と呼びます。力のモーメントから考えます。

🔧 重心の求め方

xy 平面上に置いた全重量 W の物体の微小部分の重量と座標を $w_1(x_1, y_1)$、$w_2(x_2, y_2)$、$w_3(x_3, y_3)$ …とし、重心 G の座標を G(x_G, y_G) とします。

x 軸方向と y 軸方向についてとった、すべての微小部分の力のモーメントの総和は、各軸方向の重心の力のモーメントと等しくなります。

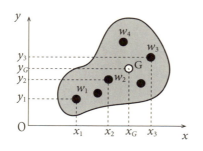

・力のモーメントの総和
モーメントの符号はすべて+として、x 軸、y 軸ごとに重心のモーメントと等しいと置く。

> 物体の全重量は、
> $W = w_1 + w_2 + w_3 + \cdots$

x 軸方向の力のモーメントのつり合い　　$w_1 x_1 + w_2 x_2 + w_3 x_3 + \cdots = W x_G$

重心 G の x 座標　　$\boxed{x_G = \dfrac{w_1 x_1 + w_2 x_2 + w_3 x_3 + \cdots}{W}}$ …式(1)

y 軸方向の力のモーメントのつり合い　　$w_1 y_1 + w_2 y_2 + w_3 y_3 + \cdots = W y_G$

重心 G の y 座標　　$\boxed{y_G = \dfrac{w_1 y_1 + w_2 y_2 + w_3 y_3 + \cdots}{W}}$ …式(2)

例題 図のように、1辺500 mm、重量100 Nの正方形の鋼板の上に、3つの鋼球 $w_1 = 200$ N、$w_2 = 400$ N、$w_3 = 300$ Nを取り付けてある。この物体の重心を求めなさい。

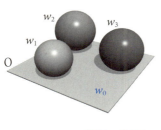

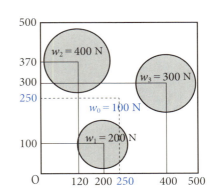

鋼板の重量と重心も考える

☺ 考え方

板の重量を $w_0 = 100$ N、板の重心を $(250, 250)$ として、4つの物体の重心 $G(x_G, y_G)$ を求める。

全重量 W は、$W = w_0 + w_1 + w_2 + w_3 = 100 + 200 + 400 + 300 =$ 1000 N

重心 G の x 座標　$x_G = \dfrac{w_0 x_0 + w_1 x_1 + w_2 x_2 + w_3 x_3}{W}$

$= \dfrac{100 \times 250 + 200 \times 200 + 400 \times 120 + 300 \times 400}{1000} =$ 233 mm

重心 G の y 座標　$y_G = \dfrac{w_0 y_0 + w_1 y_1 + w_2 y_2 + w_3 y_3}{W}$

$= \dfrac{100 \times 250 + 200 \times 100 + 400 \times 370 + 300 \times 300}{1000} =$ 283 mm

解 $x_G = 233$ mm、$y_G = 283$ mm

3-11 図心と重心の位置

平面図形の重心を**図心**と呼びます。厚さと密度が一定な物体の重量は、面積に比例するので、物体の重心を図心に置き換えて面積から求めることができます。

🔵 図心から重心を求める

表面積 A の厚さと密度が一定な物体を 2 つの長方形①と②に分割し、それぞれの面積と図心を $a_1\,(x_1, y_1)$、$a_2\,(x_2, y_2)$ とします。

面積と重量が比例するので、物体の重心 $G\,(x_G, y_G)$ は、物体の表面積から求めた図心と等しくなります。

物体を 2 分割したときの重心は、2 つの図心を結ぶ線分の内分点にあります。

これは、3-4 節の例題 2 で説明したように、平行で同じ向きの 2 力の合力が、2 点を結ぶ線分の内分点にできることと同じです。

物体の表面積
$A = a_1 + a_2$

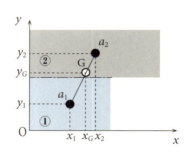

x 軸方向のモーメントのつり合い　　$a_1 x_1 + a_2 x_2 = A x_G$

重心 G の x 座標　　$\boxed{x_G = \dfrac{a_1 x_1 + a_2 x_2}{A}}$ 　…式 (1)

y 軸方向のモーメントのつり合い　　$a_1 y_1 + a_2 y_2 = A y_G$

重心 G の y 座標　　$\boxed{y_G = \dfrac{a_1 y_1 + a_2 y_2}{A}}$ 　…式 (2)

例題　次の物体 A, B の重心 $G(x_G, y_G)$ を求めなさい。

> **考え方**
> ・図形を重心のわかっている図形に分割してモーメントをとります。
> ・分割した図形の面積をそれぞれ求めておくと計算が簡単です。

解答例

A
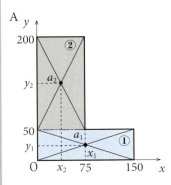

● 面積を求めます。
$$a_1 = 150 \times 50 = 7500 \text{ mm}^2$$
$$a_2 = 75 \times 150 = 11250 \text{ mm}^2$$
$$A = a_1 + a_2 = 7500 + 11250 = 18750 \text{ mm}^2$$

● 重心を求めます。
$$x_G = \frac{a_1 x_1 + a_2 x_2}{A}$$
$$= \frac{7500 \times 75 + 11250 \times 37.5}{18750} = 52.5 \text{ mm}$$
$$y_G = \frac{a_1 y_1 + a_2 y_2}{A}$$
$$= \frac{7500 \times 25 + 11250 \times 125}{18750} = 85 \text{ mm}$$

● ①、②の重心を求めます。
$x_1 = 75$ mm　　$y_1 = 25$ mm
$x_2 = 37.5$ mm　$y_2 = 125$ mm

解　$x_G = 52.5$ mm、$y_G = 85$ mm

B
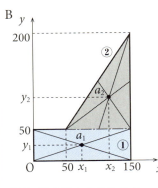

● 面積を求めます。
$$a_1 = 150 \times 50 = 7500 \text{ mm}^2$$
$$a_2 = \frac{1}{2} \times 100 \times 150 = 7500 \text{ mm}^2$$
$$A = a_1 + a_2 = 7500 + 7500 = 15000 \text{ mm}^2$$

● 重心を求めます。
$$x_G = \frac{a_1 x_1 + a_2 x_2}{A}$$
$$= \frac{7500 \times 75 + 7500 \times 116.7}{15000} = 95.85 \text{ mm}$$
$$y_G = \frac{a_1 y_1 + a_2 y_2}{A}$$
$$= \frac{7500 \times 25 + 7500 \times 100}{15000} = 62.5 \text{ mm}$$

● ①、②の重心を求めます。
$x_1 = 75$ mm　　$y_1 = 25$ mm
$x_2 = 116.7$ mm　$y_2 = 100$ mm

（三角形の 3 本の中線は重心で交わり、中線を 2 : 1 に内分する）

解　$x_G = 95.85$ mm、$y_G = 62.5$ mm

3-12 図心と穴部品の重心

　物体を分割して重心を求めるときに使われる基本図形の図心と、穴部品などの物体の重心を引き算で求める例を示します。

◎ 図形の図心

　物体を分割するには、図心の求めやすい形状を選ぶことがポイントです。次に、基本的な図形の図心の例を挙げます。

図●図形の図心

●円形　円の中心

●四角形　対角線の交点

●三角形　中線の交点

各底辺から高さの $\frac{1}{3}$

 $x_G = \dfrac{x_1 + x_2 + x_3}{3}$

 $y_G = \dfrac{y_1 + y_2 + y_3}{3}$

$aG : Ga' = bG : Gb' = cG : Gc' = 2 : 1$

●扇形

$y_G = \dfrac{2rb}{3a}$

●半円形

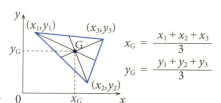

$y_G = \dfrac{2rb}{3a} = \dfrac{2r \times 2r}{3\pi r} = \dfrac{4r}{3\pi}$

引き算で重心を求める

複数の図形をたして重心を求める場合には、モーメントを加算します。一部に穴などがある物体は、次のように減算を行います。

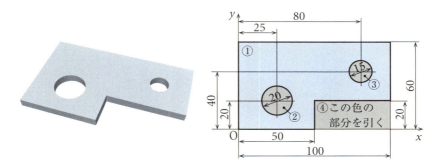

> **考え方**
> 100 mm×60 mmの長方形①から直径20 mmの穴②、15 mmの穴③、50 mm×20 mmの長方形④を引きます。

● ①、②、③、④の図形の重心 (x, y) と面積 a を求めます。

① $x_1 = 50$ mm　　$y_1 = 30$ mm　　$a_1 = 100 \times 60 = 6000$ mm²
② $x_2 = 25$ mm　　$y_2 = 20$ mm　　$a_2 = \pi r^2 = \pi \times 10^2 = 314$ mm²
③ $x_3 = 80$ mm　　$y_3 = 40$ mm　　$a_3 = \pi r^2 = \pi \times 7.5^2 = 177$ mm²
④ $x_4 = 75$ mm　　$y_4 = 10$ mm　　$a_4 = 50 \times 20 = 1000$ mm²

全体の面積　$A = a_1 - (a_2 + a_3 + a_4) = 6000 - (314 + 177 + 1000) = 4509$ mm²

● 重心を求めます。 ← 材料のない部分は引き算

$$x_G = \frac{a_1 x_1 - (a_2 x_2 + a_3 x_3 + a_4 x_4)}{A}$$
$$= \frac{6000 \times 50 - (314 \times 25 + 177 \times 80 + 1000 \times 75)}{4509} = 45.0 \text{ mm}$$

$$y_G = \frac{a_1 y_1 - (a_2 y_2 + a_3 y_3 + a_4 y_4)}{A}$$
$$= \frac{6000 \times 30 - (314 \times 20 + 177 \times 40 + 1000 \times 10)}{4509} = 34.7 \text{ mm}$$

解　$x_G = 45$ mm、$y_G = 34.7$ mm

3-13 立体の重心を求める

平面図形に置き換えることのできない立体の重心を求めるには、いくつかの方法があります。力のモーメントを利用した計算方法を紹介します。

◎ 2点の重量から重心の水平位置を求める

1つの荷重 W を受けるスパン（支点間の距離）L の両端支持はりで、支点反力 R_A と R_B は、次のように求められます。

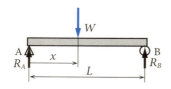

・支点 A を基準として力のモーメントをとる

$$-Wx + R_B L = 0 \quad \therefore R_B = \frac{Wx}{L}$$

・力の総和がゼロだから

$$R_A = W - R_B$$

ここで、両端支持はりを次のような物体に置き換え、両支点を回転支点とした秤(はかり)に置き換えて、水平を保ちます。

すると、両端支持はりで未知数だった支点反力は、秤の測定値になり、物体の未知数である重心 G の水平位置 x と高さ z を求めることができます。

はじめに、力のモーメントのつり合いから、重心の水平位置 x を次のように求めます。

図●2点の重量から重心を求める

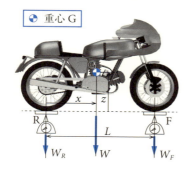

🌀 重心 G

●重心の水平位置 x

次の項目を測定します。

W_F 前軸荷重　W_R 後軸荷重

$W_F + W_R = W$ 車体重量

L ホイールベース（軸間距離）

点 R を基準にモーメントをとる

$$Wx = W_F L$$

$$\therefore x = L \frac{W_F}{W}$$

例題 前述の方法で次の測定値を得た。二輪車の重心の水平位置を求めなさい。

$W_F = 700$ N、$W_R = 800$ N から車体重量 $W = 1500$ N、$L = 1300$ mm

解答例

$$x = L\frac{W_F}{W} = \frac{1300 \times 700}{1500} = 607 \text{ mm}$$

解 後軸から前方へ 607 mm

物体を傾けて重心の高さを求める

次に、点Rを中心に車体を θ 傾け、前軸荷重 W_f を測定します。重心の高さを z とすれば、重心の水平位置がホイールベース上で $z\tan\theta$ だけ変化します。

点Rを基準とした腕の長さと荷重が角度をもちますが、3-7節の例題2と同様に力の比と考え、W と W_f の力のモーメントから重心の高さ z を算出できます。

厳密な方法は、JIS D0051:2001「二輪自動車－重心位置測定方法」で閲覧できます。

図●物体を傾けて重心の高さを求める

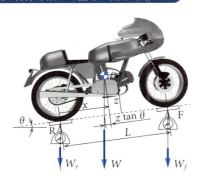

● 重心の高さ　z
　θ　傾き
　W_f　前軸荷重　　W_r　後軸荷重
点Rを基準にモーメントをとる

$$W(x - z\tan\theta) = W_f L$$
$$(x - z\tan\theta) = \frac{W_f L}{W}$$
$$z\tan\theta = x - \frac{W_f L}{W}$$
$$\therefore z = \frac{1}{\tan\theta}\left(x - \frac{W_f L}{W}\right)$$

例題　前述の二輪車から上の方法で次の測定値を得た。重心の高さを求めなさい。
$W_f = 612$ N、$\theta = 10°$

$$\therefore z = \frac{1}{\tan\theta}\left(x - \frac{W_f L}{W}\right) = \frac{1}{\tan 10°}\left(607 - \frac{612 \times 1300}{1500}\right) = 434 \text{ mm}$$

解　重心の高さ　434 mm

3-14 重心を測る

デジカメと画像処理ソフトで物体の画像上に重心の場所を求めます。特別な器具を使わずにできるので、試されてはいかがでしょうか。

◎ 物体の2点をつるす

物体の異なる2点を紐でつるして、それぞれの鉛直線を描きます。重心は、この鉛直線上に必ずあるので、2枚の画像を重ね合わせれば、鉛直線の交点が重心の位置になります。一般的な方法です。

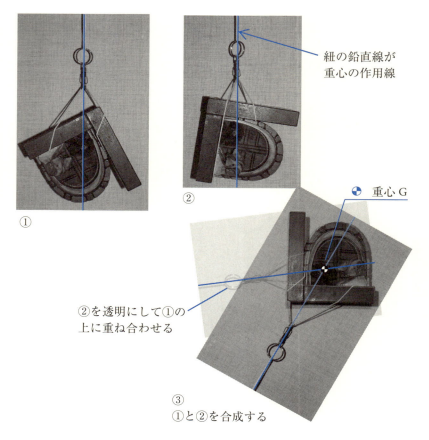

紐の鉛直線が重心の作用線

● 重心 G

②を透明にして①の上に重ね合わせる

③
①と②を合成する

倒して重心を求める

前述の2点でつるす方法と逆に、物体が安定して接地する2点で支えて、徐々に押していけば、逆側へ倒れる瞬間に接地点の鉛直線上方に重心があります。

①

②

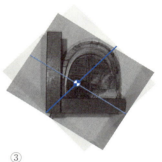
③
①と②を合成する

シーソーのようなバランスを使う

物体を棒状のころの上に置いて、重心近辺で物体を静かに動かせば、ころ左右のつり合いが反転する点の上に重心があります。

例では直径3mmの線材をゆっくりと回して、物体を移動させています。

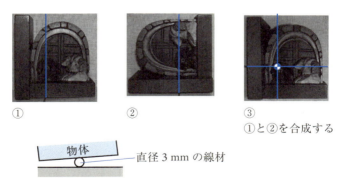

①　　　　②　　　　③
　　　　　　　　　①と②を合成する

他にもいくつかの方法が、実験室や科学教室のイベントなどで使われています。簡単な方法でも、何度も試行して統計をとれば、近似値計算と同程度の値は出せると思います。

練習問題　　　重心

問題 1　次のモビールがつり合うようにしたい。各物体の数値はそれぞれの重量［N］を示す。物体を支える部材の重量は考えずに、AからFの最短寸法を 50 mm として、それぞれの必要最小限の長さを決定しなさい。

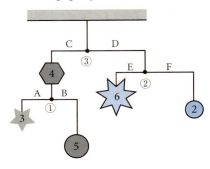

考え方
- 力のモーメントのつり合いは3組。
- 物体をつるす支点の左右で力のモーメントが等しいとして順次解いていく。

問題 2　次の図形の重心 G (x,y) を求めなさい。

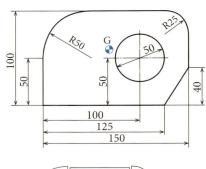

考え方
- 7つの図形に分割する。
- ①〜⑤加算、⑥⑦減算。
- 図形の諸元を一覧表にする。

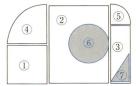

$\frac{1}{4}$ 円の重心

$y_G = \dfrac{2rb}{3a}$ …式 (1)

$a = \dfrac{\pi r}{2}$ …式 (2)

$b = \sqrt{2}\, r$ …式 (3)

式 (1) に式 (2)、(3) を代入する

$y_G = \dfrac{2rb}{3a} = \dfrac{2 \times 2r^2\sqrt{2}}{3\pi r} = \boxed{\dfrac{4r\sqrt{2}}{3\pi}}$

解答1

支点① 3A = 5B から A＞B ∴B = 50 mm とする

$$A = \frac{5B}{3} = \frac{5 \times 50}{3} = 83.3 \text{ mm}$$

支点② 6E = 2F から F＞E ∴E = 50 mm とする

$$F = \frac{6E}{2} = \frac{6 \times 50}{2} = 150 \text{ mm}$$

支点③ (3+4+5)C = (2+6)D から D＞C ∴C = 50 mm とする

$$D = \frac{(3+4+5)C}{2+6} = \frac{(3+4+5) \times 50}{2+6} = 75 \text{ mm}$$

解 A=83.3 mm、B=50 mm、C=50 mm、D=75 mm、E=50 mm、F=150 mm

解答2

扇形と三角形の重心の計算例を示します。

④ $y_G = \dfrac{4 \times 50\sqrt{2}}{3\pi} = 30$ $\dfrac{30}{\sqrt{2}} = 21.2$

⑤ $y_G = \dfrac{4 \times 25\sqrt{2}}{3\pi} = 15$ $\dfrac{15}{\sqrt{2}} = 10.6$

	図形	面積 a [mm²]	重心 [mm] x	重心 [mm] y	モーメント ax	モーメント ay
加算	①	50×50 = 2500	25	25	62500	62500
	②	75×100 = 7500	87.5	50	656250	375000
	③	25×75 = 1875	137.5	37.5	257813	70313
	④	$\dfrac{\pi \times 50^2}{4}$ = 1963	28.8	71.2	56534	139766
	⑤	$\dfrac{\pi \times 25^2}{4}$ = 491	135.6	85.6	66580	42030
減算	⑥	$\dfrac{\pi \times 50^2}{4}$ = 1963	100	50	196300	98150
	⑦	$\dfrac{25 \times 40}{2}$ = 500	142	13.3	71000	6650
	計	11866			832377	584809

⑦ $x = \dfrac{125 + 2 \times 150}{3} = 142$

$y = \dfrac{40}{3} = 13.3$

●全体の重心 $x = \dfrac{832377}{11866} = 70.1$ $y = \dfrac{584809}{11866} = 49.3$

※厚紙を使って 3-14 節の測定で検算をしてみましょう。

解 重心 x = 70.1 mm、y = 49.3 mm

問題3 3-13節の方法で、自動車の重心を測定して次の結果を得た。前輪からの重心水平位置 x と重心の高さ z を求めなさい。

> **考え方**
> 重心水平位置 x の基準点が3-13節と異なる。z の算出式に注意。

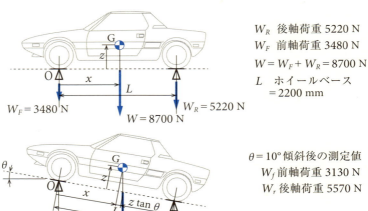

W_R 後軸荷重 5220 N
W_F 前軸荷重 3480 N
$W = W_F + W_R = 8700$ N
L ホイールベース $= 2200$ mm

$\theta = 10°$ 傾斜後の測定値
W_f 前軸荷重 3130 N
W_r 後軸荷重 5570 N

問題4 問題3を測定する機種の検出項目が、車体の傾斜角 θ でなく、前輪を持ち上げたリフト量 h [mm] だとする。重心の高さ z の算出式を重心水平位置 x を使わずに求めなさい。

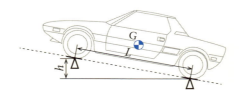

> **考え方**
> ・$\tan \theta$ を L と h で表す。
> ・z の算出式で使う x を測定項目の変数に置き換える。

解答3

● 重心の水平位置 x

点 O を基準に力のモーメントをとる

$$Wx = W_R L \quad \therefore x = L\frac{W_R}{W} = 2200 \times \frac{5220}{8700} = \boxed{1320 \text{ mm}}$$

● 重心の高さ z

重心の移動量が＋になる！

$$W(\boxed{x+}z\tan\theta) = W_r L \longrightarrow \therefore z = \frac{1}{\tan\theta}\left(\frac{W_r L}{W} - x\right)$$

$$(x + z\tan\theta) = \frac{W_r L}{W}$$

$$= \frac{1}{\tan 10°}\left(\frac{5570 \times 2200}{8700} - 1320\right)$$

$$z\tan\theta = \frac{W_r L}{W} - x$$

$$= 502 \text{ mm}$$

解 $x = 1320$ mm、$z = 502$ mm

解答4

● 解答3の z の算出式 $z = \dfrac{1}{\tan\theta}\left(\dfrac{W_r L}{W} - x\right)$ …式（1）

● θ を L と h で表す

三平方の定理と三角比から

$$\tan\theta = \frac{h}{\sqrt{L^2 - h^2}} \quad \text{…式（2）}$$

● 水平位置 x $x = L\dfrac{W_R}{W}$ …式（3）

● 式（1）に式（2）と（3）を代入する

x も z も後軸荷重だけで決定される。

$$z = \frac{\sqrt{L^2 - h^2}}{h}\left(\frac{W_r L}{W} - L\frac{W_R}{W}\right)$$

前輪を力のモーメントの基準点とするので、前軸荷重は力のモーメントに関係しない。

$$= \frac{\sqrt{L^2 - h^2}}{h} \cdot \frac{L(W_r - W_R)}{W}$$

$$\therefore z = \frac{L\sqrt{L^2 - h^2}\,(W_r - W_R)}{hW}$$

解 $z = \dfrac{L\sqrt{L^2 - h^2}\,(W_r - W_R)}{hW}$

column

力のつり合いを考えるコツ

　3章で力のベクトルを自由に移動して問題を解きました。しかし、2章で確認しているように、力のベクトルは、始点が限定されているので、勝手に移動することができません。

　ベクトルの作図をするときに、次の2点を忘れないようにしましょう。
① 力は、作用線上だけで、移動させることができる。
② 例外として、力が1点に集まるときは、平行移動させることができる。

　本文中の図解で、力を自由に移動させているように見えるかもしれませんが、上の2点を守っています。

　力のベクトルの移動は、あくまでも「作図上、移動させているだけ」ということに注意しましょう。

　次に、力のつり合いを調べるために、力の合成・分解という手順が必要になります。

　合成は、パターンが決まっているので、理解しやすいようです。

　分解は、迷ってしまう方が多いようです。次のポイントをおさえましょう。

① **余計なものは見ない**　3-2節の例題3で、荷重F_1とつり合う分力をつくるためにとった、$-F_1$が天井にあたっています。しかし、天井がどこにあっても、分力をつくるには影響しません。点Oに着目しましょう。

② **使う方向と使わない方向に分解する**　3-4節の練習問題3で、物体は、斜面に直角な方向には運動しないので、この方向と運動方向に力を分解します。
　斜面に垂直な分力は、この問題では使いませんが、後の章で必要とします。

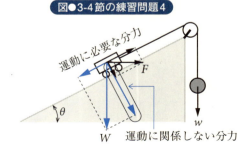

図●3-2節の例題3　　　図●3-4節の練習問題4

第4章
物体の運動

機械は必ず運動部分をもちます。
また、機械そのものが運動することもあります。
機械の運動の多くは、規則的で、基本的なものです。
本章では、物体の基本的な運動を考えます。

4-1　位置と変位
4-2　速さと速度
4-3　平均速度と瞬間速度
4-4　相対速度
4-5　等速度運動
練習問題●等速度運動
4-6　加速度
4-7　等加速度運動
練習問題●等加速度運動
4-8　変位、速度、加速度
4-9　落体の運動
練習問題●落体の運動
4-10　放物運動
練習問題●放物運動
4-11　回転運動の速度
4-12　回転運動の回転数
4-13　角加速度
練習問題●回転運動
column●変位と負の加速度など

4-1 位置と変位

物体が時間経過とともに位置を変えることを運動と呼びます。運動の観察に必要な位置と位置の変化について考えます。

◉ 位置ベクトル

xy直交座標で、点pの位置は、p(x_p, y_p)と表されます。この表し方は、算数、数学で慣れているので、直感的に理解しやすい方法です。

ここで、原点Oから点pに向かって矢印を引くと、点pを矢印Opとして表すことができます。矢印Opは、点pを特定する量として表したベクトルです。

このように位置を示すベクトルを**位置ベクトル**と呼びます。位置ベクトルは、座標原点を始点として、終点の位置だけで決められる、他に等しいベクトルをもたないベクトルです。

位置ベクトル表現で点pは、p(r, θ)と表します。rを**動径**、θを**偏角**と呼び、このような座標の表し方を**極座標**と呼びます。

直交座標形式と極座標形式は、1つの点を異なる項目で観察した結果なので、相互に変換することができます。

◉ 変位ベクトル

物体が点pから点qへ位置を変えることを**変位**と呼びます。また、pからqへ変化した大きさと向きを表す量も変位と呼びます。

図①のように、位置ベクトルと同様に点pから点qに向けて引いた矢印pqを**変位ベクトル**と呼びます。変位ベクトルは、始点と終点の位置ベクトルの差で、位置を要素とせず、移動量の大きさと向きで決まるベクトルです。

位置ベクトルOpとOqは、座標原点を始点とするので、2-2節の一点に集まるベクトルです。ですから、変位ベクトルpqは、支点の等しい2つの位置ベクトルの差となり、移動前後の点の距離を示すことになります。

図②に示す、①と同じ座標系で、異なる位置ベクトルOAとOBの差として求めた変位ベクトルABが、①のpqと同じ大きさ同じ向きであれば、図③に示すようにpqとABは等しいベクトルと呼ばれます。

図●位置ベクトル

●直交座標

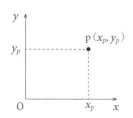

●極座標

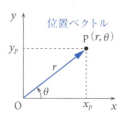

r　動径
θ　偏角
x軸　始線
点O　極

●直交座標と極座標の変換

$$\begin{cases} x_p = r \cos \theta \\ y_p = r \sin \theta \end{cases} \qquad \begin{cases} r^2 = x_p{}^2 + y_p{}^2 \\ \cos \theta = \dfrac{x_p}{r} \end{cases} \qquad \sin \theta = \dfrac{y_p}{r}$$

図●変位ベクトル

① 変位ベクトル pq

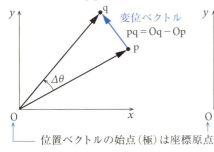

位置ベクトルの始点(極)は座標原点

② 変位ベクトル AB

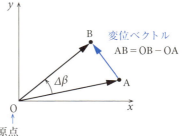

③ 等しいベクトル

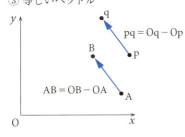

①と②の変位ベクトルは、大きさと向きが等しく、平行移動によって重なる等しいベクトル。

4-2 速さと速度

物体の移動距離を時間で割った量を速さと呼び、変位を時間で割った量を速度と呼びます。その違いを考えましょう。

● 速さ

距離 x の点Aと点B間を時間 t で移動した物体の速さ u は、$u = x/t$ です。

ここで、物体がAからBへ移動したのか、BからAへ移動したのか、また、どのような経路で移動したのかを特定していません。

距離 x は、点Aと点B間で実際に運動した**移動距離**で、向きをもたず、経路によって異なる長さだけをもつスカラー量です。ですから、速さはスカラー量です。

速さのSI単位は、m/s（メートル・パー・セコンドまたはメートル毎秒）です。実用では、km/h（キロメートル・パー・アワーまたはキロメートル毎時）、m/min（メートル・パー・ミニッツまたはメートル毎分）も使われています。単位の換算に注意しましょう。

図●速さ

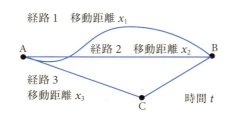

$$u = \frac{x}{t}$$

- x　移動距離 [m]
- t　時間 [s]
- u　速さ [m/s]

・経路1の速さ $u_1 = \dfrac{x_1}{t}$
・経路2の速さ $u_2 = \dfrac{x_2}{t}$
・経路3の速さ $u_3 = \dfrac{x_3}{t}$

例題　フルマラソン 42.195 km を4時間37分50秒で走るとき、速さを m/s で求めなさい。

解答例

$$u = \frac{x}{t} = \frac{42.195 \times 10^3}{4 \times 60^2 + 37 \times 60 + 50} = 2.5 \text{ m/s}$$

km を m に換算
分を秒に換算
時間を秒に換算

解　2.5 m/s

🔵 速度

大きさ s の変位 AB を時間 t で移動した物体の速度 v は、$v = s/t$ です。

変位 AB は、大きさ s の変位ベクトルなので、運動経路を考えません。経路1のように不規則な経路をとっても、経路2のように中継点をとっても、変位は、始点 A から終点 B までのベクトル量です。ですから、速度はベクトル量です。

速度のSI単位は速さと同じm/sです。

図● 速度

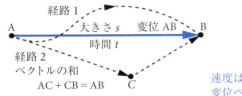

$$v = \frac{s}{t}$$

s 変位 [m]
t 時間 [s]
v 速度 [m/s]

速度は、経路に関係せず、変位ベクトル AB で決まる

🔵 速さと速度

前述のように、自由な経路が考えられる運動で、速さと速度が異なるのは理解できたかもしれません。それでは、次の運動ではどうでしょう。

例題 点Aから直進して、2秒後に6 m離れた点Bに着いた。すぐに折り返して、点Bから直進して、3秒後に点Aに戻った。速さと速度を求めなさい。

考え方と解答例

速さは、実際の移動距離を考える、速度は、変位だけを考える。

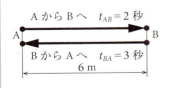

・速さ　全移動距離を運動時間で割る

$$u = \frac{2 \times 6}{t_{AB} + t_{BA}} = \frac{12}{2+3} = 2.4 \text{ m/s}$$

ベクトルは向きを考える。

・速度　変位は、$s = +AB - BA = 0$

$$\therefore v = \frac{s}{t_{AB} + t_{BA}} = \frac{0}{2+3} = 0$$

不思議と思われるかもしれません。次ページで考えます。

解 速さ　2.4 m/s、速度　0

4-3 平均速度と瞬間速度

4-2節で速さと速度の違いを不思議に思われたかもしれません。運動を時間的に観察してみましょう。

平均速度と瞬間速度

4-2節の速さuと速度vは、運動の始点と終点に着目して刻々の状態を考えていません。ですから、求めた量は運動の**平均速さ**と**平均速度**です。

力学で、特に断りのない場合、速度は運動の瞬間における**瞬間速度**を指すことが一般的です。

瞬間速度は、極めて短い時間Δtにおける微小変位Δsを考えます。すると、
① 瞬間速度を観察したときの変位の大きさと移動距離は、ほとんど等しく、
② 運動経路が直線の場合には、変位の大きさと移動距離は同一になります。

また、運動には必ず向きが含まれるので、厳密さを問わない場合、変位と移動距離は等しいものとして、速さと速度も$v = s/t$として表されます。

本書でも特に区別する必要のない場合は、距離を変位として扱い、速さと速度をvとします。

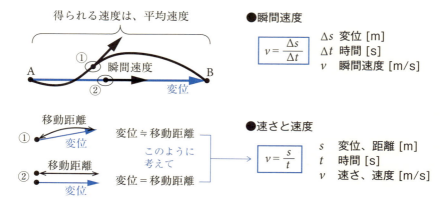

図●平均速度と瞬間速度

例題1 点Aを出発した物体が6秒後に点Bを通過し、その後10秒後に点Cへ到着した。3点A、B、Cは一直線上にあり、点B、C間の距離は25 mである。運動の速さvを一定として、①物体の速さ、②点A、B間の距離sを求めなさい。

解答例

・問題を図にしましょう。

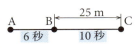

比率をある程度正確に

点Bから点Cへの速度ともいえます。

① 物体の**速さ**　点B、C間の条件から求める
$$v = \frac{s}{t} = \frac{25}{10} = 2.5 \text{ m/s}$$

② 点A、B間の距離　①で求めたvと$t=6$秒から
$$s = vt = 2.5 \times 6 = 15 \text{ m}$$

解　物体の速さ　2.5 m/s、　点A、B間の距離　15 m

例題2 点Aと点Bは、直線距離で10 m、点Aと点Bからともに6 mの直線距離に点Cがある。点Aを出発した物体が2秒後に点Cへ到着し、その3秒後に点Bへ到着した。①点A、B間の平均速度v、②物体の平均速さuを求めなさい。

●考え方
・変位ベクトルと移動距離を区別しましょう。
・運動全体の速度と速さを求めるので、時間は合計した移動時間です。

解答例

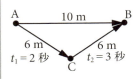

①点A、B間の平均速度v　ベクトルの大きさ 10 m
$$v = \frac{s}{t_1 + t_2} = \frac{10}{2+3} = 2 \text{ m/s}$$

②物体の平均速さu　実際の移動距離を時間で割る
$$u = \frac{\text{AC} + \text{CB}}{t_1 + t_2} = \frac{6+6}{2+3} = 2.4 \text{ m/s}$$

解　点A、B間の平均速度　2 m/s、　物体の平均速さ　2.4 m/s

4-4 相対速度

徒競争で、先行するランナーよりも速ければ近寄ることができ、遅ければ離されます。相手があっての相対的な運動の速度を考えます。

速度と相対速度

これまで速度と呼んでいる量は、地表に立つ人間から見た運動する物体の速度、または、静止している基準点から見た運動する物体の速度をいいます。

地表から見て速度 v_A で走る人 A と、地表から見て速度 v_B の自転車に乗る人 B がいるとき、A から見た B の速度を「A に対する B の**相対速度**」と呼びます。

ということは、走る人の速度 v_A と自転車の速度 v_B も、地表から観察した、「地表に対する相対速度」ということになります。

私たちが運動を考える場合、通常は、地表に基準を置くので、地表に対する相対速度という断りを付けずに「物体の速度」と呼んでいるのです。

図●AとBの相対速度

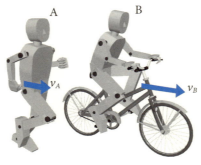

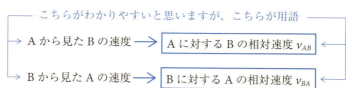

平行な運動の相対速度

例題 左図で、Aの速度 $v_A = 3$ m/s、Bの速度 $v_B = 6$ m/s、v_A と v_B は平行で同じ向きとする。AとBそれぞれから見た相手の相対速度と速さを求めなさい。

> **⊕ 考え方**
> ・観察者の運動の向きを＋と決める。
> ・平行な運動の相対速度＝相手の速度－自分の速度。
> ・速度は向きをもち、速さは向きをもたずに大きさだけをもつ。
> (・2-2節のベクトルの和と差を参考に、作図による解も示しておきます)

解答例

●Aから見たBの速度 v_{AB} ●Bから見たAの速度 v_{BA}
　Aに対するBの相対速度 v_{AB} Bに対するAの相対速度 v_{BA}

・平行な運動で　$\boxed{v_{AB} = v_B - v_A}$　　・平行な運動で　$\boxed{v_{BA} = v_A - v_B}$

$v_{AB} = v_B - v_A = 6 - 3 = 3$ m/s　　　　$v_{BA} = v_A - v_B = 3 - 6 = -3$ m/s

・作図法1　引くベクトルの負のベクトルをつくって和をとる。

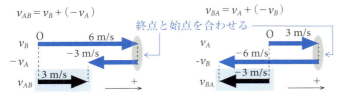

・作図法2　引くベクトルの終点から引かれるベクトルの終点に差をとる。

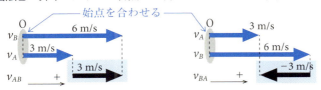

	Aから見たBの速度　＋3 m/s		Bから見たAの速度　－3 m/s
解	Aから見たBの速さ　　3 m/s		Bから見たAの速さ　　3 m/s

角度をもって交差する運動の相対速度

例題1 直進する車Aの速度v_Aと直進する二輪車Bの速度v_Bが角度θで交差している。Bに対するAの相対速度v_{BA}を求めなさい。

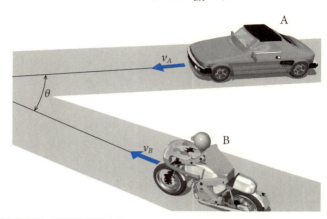

考え方
- 2-2節のベクトルの差を参考にベクトル図をつくる。
- 三角形の定理、公式から相対速度v_{BA}の大きさと向きを求める。

解答例

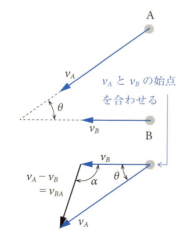

● 相対速度v_{BA}の大きさ
2-3節の挟角をもつ2つのベクトルの合成、または、三角形の余弦定理から

解 $v_{BA} = \sqrt{v_A^2 + v_B^2 - 2v_A v_B \cos\theta}$

● 相対速度v_{BA}の向き
三角形の正弦定理から

$$\frac{v_A}{\sin\alpha} = \frac{v_{BA}}{\sin\theta}$$

$$\therefore \sin\alpha = \sin\theta \frac{v_A}{v_{BA}}$$

解 $\therefore \alpha = \sin^{-1}\left(\sin\theta \frac{v_A}{v_{BA}}\right)$

例題2 例題1で、合流路の優先路を走る車の速度 $v_A = 35$ km/h、一時停止側の二輪車の速度 $v_B = 20$ km/h とする。交差角 $\theta = 40°$ として、二輪車に対する車の相対速度 V_{BA} を km/h で求めなさい。

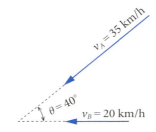

🟦 考え方

・例題1の算出式を使用する。V_{BA} で大きさ、α で向きを求める。
・向き α は、二輪車から見て近づいてくる車の角度を求める。

解答例

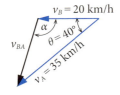

●相対速度 v_{BA} の大きさ　三角形の余弦定理から

$$v_{BA} = \sqrt{v_A^2 + v_B^2 - 2v_A v_B \cos\theta}$$

$$= \sqrt{35^2 + 20^2 - 2 \times 35 \times 20 \cos 40°} = 23.5 \text{ km/h}$$

●相対速度 v_{BA} の向き　三角形の正弦定理から

$$\alpha = \sin^{-1}\left(\sin\theta \frac{v_A}{v_{BA}}\right) = \sin^{-1}\left(\sin 40° \frac{35}{23.5}\right)$$

$$= 73.2°$$

$\alpha = \sin^{-1} x$ の算出値 α は、第1象限内の値なので、補角の三角関数　$\sin(\pi - \alpha) = \sin\alpha$ から、v_{BA} の向きは、V_B と $73.2°$ になる。

解　v_{BA} の大きさ **23.5 km/h**、向き　V_B から左回りに **73.2°** の傾き

4-5 等速度運動

　速度は速さと向きをもつので、等速度運動は、向きが常に一定の等速直線運動です。練習問題を考えましょう。

用語

本書では特に厳密さを要さない場合、全般に次のように用語を使います。
- **速度**　地表に対する相対速度、おもに瞬間速度、スカラー量を強調するときは速さ
- **距離**　ベクトル量を強調するときは変位
- **等速度運動**　等速直線運動と同義とする

練習問題　　　　　　等速度運動

問題1　北から南へ向かって、$v_1 = 1.5$ m/sの速度で流れる川で、船首を西に向けて$v_2 = 10$ km/hで進む船がある。橋の上から見た船の速度v [m/s] を求めなさい。

> **考え方**
> ・一点に集まるベクトルの合成。平行四辺形または三角形をつくる。

問題2　$v_A = 35$ km/hの列車Aと$v_B = 50$ km/hの列車Bがすれ違った。Aに対するBの相対速度v_{AB} [km/h] を求めなさい。

> **考え方**
> ・観察者Aの運動の向きを+とする。Bの速度は、$v_B = -50$ km/hになる。
> ・Aに対するBの相対速度は、$v_{AB} = v_B - v_A$

問題3　$v = 40$ km/hで走る電車の車窓に水平から$\theta = 20°$の傾きで雨の軌跡が付いている。雨が鉛直に降っているものとして、雨の速度v_rをm/sで求めなさい。

> **考え方**
> ・車窓の雨の軌跡は、電車に対する雨の相対速度を示している。

解答1

- 単位をm/sにそろえる。
- 問題からv_1とv_2は直交するので、三平方の定理で速度の和を求める。
- 向きは逆三角関数で求める。

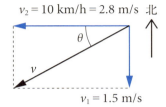

$$v = \sqrt{v_1{}^2 + v_2{}^2} = \sqrt{1.5^2 + 2.8^2} = 3.2 \text{ m/s}$$

$$\theta = \tan^{-1}\frac{v_1}{v_2} = \tan^{-1}\frac{1.5}{2.8} = 28.2°$$

解　速さ3.2 m/sで28.2°西南西へ向かう

解答2

Aに対するBの相対速度　$v_{AB} = v_B - v_A = -50 - 35 = -85$ km/h

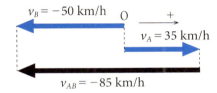

引くベクトルの終点から引かれるベクトルの終点に差をとる

解　-85 km/h

解答3

km/hからm/sへの換算を忘れないようにしましょう。

$$\frac{v_r}{v} = \tan\theta \quad \leftarrow 三角形の形に注意しよう$$

$$\therefore v_r = v\tan\theta$$

$$= 40 \times \tan 20° \times \frac{10^3}{60^2} = 4.0 \text{ m/s}$$

↓kmからmへ
時間から秒へ↑

電車に対する雨の相対速度を示す

解　4.0 m/s

4-6 加速度

時間に対する速度変化の割合を**加速度**と呼びます。加速度は、向きをもつベクトル量です。速度変化が負の場合には、負の加速度が働きます。

◉ 加速度

速度変化のある物体の運動を、横軸を時間、縦軸を速度とした座標に描き、変化時間 t、物体の変化前の速度を初速度 v_0、変化後の速度を終速度 v として、v_0 と v の変化を直線で結び、t 秒間における直線の傾きを $(v-v_0)/t$ とします。

この傾きを、時間に対する速度変化の割合を示す加速度 a と呼び、以下の式で表します。

$$a = (v - v_0)/t \quad \cdots 式(1)$$

初速度 v_0 と加速度 a が既知であれば、変化時間 t 後の終速度 v は、式(1)を変形して、以下の式で求めることができます。

$$v = v_0 + at \quad \cdots 式(2)$$

物体の速度が減少するとき、$v - v_0$ が負になり、加速度 a は負になります。

加速度 a の単位は、速度 [m/s] を時間 [s] で割るので、SI組立単位で m/s^2（メートル・パー・スクエア・セコンドまたはメートル毎秒毎秒）です。

図●加速度

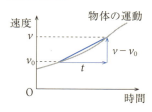

v_0 初速度 [m/s]
v 終速度 [m/s]
t 時間 [s]
a 加速度 [m/s^2]
メートル・パー・スクエア・セコンドまたはメートル毎秒毎秒

図●負の加速度

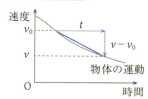

↑減速のとき、a は負になる。

例題1 列車の速度が $t = 10$ 秒間で、$v_0 = 20$ km/h から $v = 50$ km/h になった。加速度 a を求めなさい。

考え方と解答

・単位を m、s に換算して、式 (1) を使用する。

$$a = \frac{v - v_0}{t} = \frac{50 - 20}{10} \times \boxed{\frac{10^3}{60^2}} = 0.8 \text{ m/s}^2$$

単位の換算

解　0.8 m/s^2

例題2 $v_0 = 60$ km/h で走行していた自動車の速度が、$t = 5$ 秒後に $v = 30$ km/h になった。加速度を求めなさい。

考え方と解答

・減速の運動でも、初速度と終速度の取り方は同じ。

↓減速は、負の加速度

$$a = \frac{v - v_0}{t} = \frac{30 - 60}{5} \times \frac{10^3}{60^2} = -1.7 \text{ m/s}^2$$

解　-1.7 m/s^2　（減速）

例題3 $v_0 = 10$ m/s で運動していた物体に、加速度 $a = 3$ m/s^2 が逆向きに与えられた。$t = 4$ 秒後の物体の速度 v を求めなさい。

考え方と解答

・1章で説明したように、運動に加速度を与えるものは力です。この問題は、斜面を上向きにころがしたボールの運動などを考えましょう。

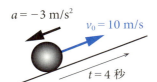

$v = v_0 + at = 10 + (-3) \times 4 = -2$ m/s

加速度を受ける前と逆向きを示します。

解　-2 m/s　（逆向き）

4-7 等加速度運動

加速度一定の運動を**等加速度運動**と呼びます。4-6節の加速度の定義に距離を加えて、等加速度運動を考えます。

⚙ 等加速度運動の距離

運動の加速度が一定の等加速度運動における距離を考えます。

等速度運動の距離 $s = vt$ は、「時間−速度線図」の面積として求められます。

等加速度運動でも同様に、変化時間 t における初速度と終速度の平均速度を v_m として、距離 $s = v_m t$ として求めることができます。v_m を与えられる運動の条件で表して、式(3)を得ます。

ここで、時間−速度線図の見方を変えて、等速度運動分と等加速度運動分に分けてみると、式(3)の第1項は等速度運動分の長方形の面積として表される移動距離 s_0、第2項は等加速度運動分の三角形の面積として表される移動距離 s' であることが、図からわかります。

式(1)、(2)、(3)は変化時間 t を含んでいます。これらの式から t を消去して、等加速度運動を観察できるようにしたものが、式(4)です。

例題1 速度 $v_0 = 5$ m/s、加速度 $a = 1$ m/s² で等加速度運動を行う物体の $t = 5$ 秒後の速度 v と、その間の移動距離 s を求めなさい。

> ⭐ **考え方**
> ・式(2)で終速度、式(3)で距離を求めます。
> ・公式を使う例として式(3)を使いました。しかし、v を求めたので、次ページに示す別解が使えます。公式をつくる基本的な考え方です。

解答例

式(2)　$v = v_0 + at = 5 + 1 \times 5 = 10$ m/s

式(3)　$s = v_0 t + \dfrac{1}{2} at^2 = 5 \times 5 + \dfrac{1}{2} \times 1 \times 5^2 = 37.5$ m　　[別解]

　　　　　　　　　　　　　　　　　　　　　　　解 速度 10 m/s、距離 37.5 m

図●加速度

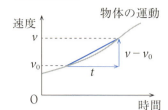

$$a = \frac{v - v_0}{t} \quad \text{…式 (1)}$$

$$v = v_0 + at \quad \text{…式 (2)}$$

- v_0 初速度 [m/s]
- v 終速度 [m/s]
- t 時間 [s]
- a 加速度 [m/s^2]
- s 距離 [m]

図●等加速度運動の距離

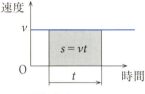

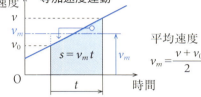

平均速度 $v_m = \dfrac{v + v_0}{2}$

平均速度 $v_m = \dfrac{v + v_0}{2}$ として 　 $s = v_m t = \dfrac{v + v_0}{2} t = \dfrac{v_0 + at + v_0}{2} t = (v_0 + \dfrac{at}{2}) t$ 　式(2)

$$\therefore s = v_0 t + \frac{1}{2} a t^2 \quad \text{… 式 (3)}$$

等速度運動分と等加速度運動分の距離の和から

等加速度運動分の距離
等速度運動分の距離

式 (1) から 　 $t = \dfrac{v - v_0}{a}$

$$s = v_m t = \frac{v + v_0}{2} \cdot \frac{v - v_0}{a} = \frac{v^2 - v_0^2}{2a} \quad \therefore 2as = v^2 - v_0^2 \quad \text{… 式 (4)}$$

例題1 s の別解

式(3)をつくるもとがこれ。vを求めたのだからこちらが使える。

$$s = v_m t = \frac{v + v_0}{2} t = \frac{5 + 10}{2} \times 5 = 37.5 \text{ m}$$

例題2 静止していた物体が、動き始めてから5秒後に3 m/sになり、そのままの速度で10秒間運動してから、加速度1.5 m/s²で5秒間等加速度運動を行った。その速度で70 m運動した後、20秒後に等加速度運動で停止した。運動経路を直線として、①全区間の距離、②運動時間、③始動18秒後の距離、④始動40秒後の速度を求めなさい。

> **◎ 考え方**
> ・横軸を時間、縦軸を速度とした時間−速度線図をつくりましょう。
> ・公式を探す前に、図からわかる量を求めましょう。
> ・距離は、時間−速度線図の面積。加速度は、直線の傾きです。

解答例

・時間−速度線図をつくる　（　）の値は、未知数を求めたもの

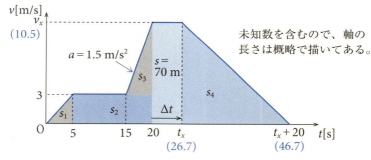

未知数を含むので、軸の長さは概略で描いてある。

・未知数を求める　距離は、図面の面積から求めることができる。

$$s_1 = \frac{3 \times 5}{2} = 7.5 \text{ m} \quad\quad s_2 = 3 \times (20-5) = 3 \times 15 = 45 \text{ m}$$

$$v_x = v_0 + at = 3 + 1.5 \times 5 = 10.5 \text{ m/s} \quad \cdots \text{式 (2)} \quad\quad \Delta t = \frac{s}{v_x} = \frac{70}{10.5} = 6.7 \text{ s}$$

$$s_3 = \frac{1}{2} \times (10.5 - 3) \times 5 = 18.8 \text{ m} \quad\quad s_4 = \frac{1}{2} \times 10.5 \times 20 = 105 \text{ m}$$

① 全区間の距離　$S = s_1 + s_2 + s_3 + s + s_4 = 7.5 + 45 + 18.8 + 70 + 105 = \underline{246.3 \text{ m}}$

② 運動時間　図でΔtとした時間が6.7秒なので、運動時間は<u>46.7秒</u>

※③と④の解き方

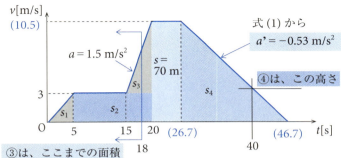

③ 始動18秒後の距離 s_{18}　2つの解答例を示す。

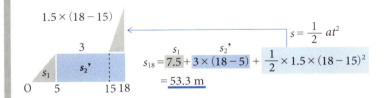

$$s = v_0 t + \frac{1}{2} at^2 \quad \cdots 式(3)$$

$s_{18} = \underset{s_1}{7.5} + \underset{s_2'}{3 \times 10} + 3 \times (18-15) + \frac{1}{2} \times 1.5 \times (18-15)^2$

$= \underline{53.3 \text{ m}}$

$$s = \frac{1}{2} at^2$$

$s_{18} = \underset{s_1}{7.5} + \underset{s_2'}{3 \times (18-5)} + \frac{1}{2} \times 1.5 \times (18-15)^2$

$= \underline{53.3 \text{ m}}$

④ 始動40秒後の速度 v_{40}

式 (1)　$a' = \dfrac{v - v_x}{t} = \dfrac{0 - 10.5}{20} = -0.53 \text{ m/s}^2$

式 (2)　$v_{40} = v_x + a't = 10.5 + (-0.53) \times (40 - 26.7) = \underline{3.5 \text{ m/s}}$

解　　全区間の距離　246.3 m
　　　運動時間　46.7秒
　　　始動後18秒後の距離　53.3 m
　　　始動後40秒後の速度　3.5 m/s

練習問題　　等加速度運動

問題1 速度40 km/hから停止までの距離が15 mの自動車で、制動にかかわる加速度が等しいと考えて、60 km/hでの制動距離sを求めなさい。

> ✪ 考え方
> ・制動時の加速度が等しいと考える。
> ・40 km/hからの加速度を求めて、60 km/hの移動距離を求める。

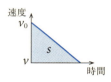

問題2 等加速度運動を行う物体が、速度$v_0 = 3$ m/sから$v = 8$ m/sになる間に、$s = 10$ m移動した。加速度aと時間tを求めなさい。

> ✪ 考え方
> ・時間が未知数なので、式(4)を使い、加速度を求める。
> ・初速度、終速度、距離が与えられている。距離＝平均速度×時間。

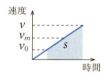

問題3 $v_0 = 50$ km/hの電車が$t = 10$秒間で停止した。加速度aと停止するまでの距離sを求めなさい。

> ✪ 考え方
> ・終速度ゼロ、初速度と時間が既知なので、加速度の定義式(1)を使う。
> ・初速度、終速度、時間が与えられている。距離＝速度×時間。

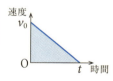

問題4 $v_0 = 40$ km/hの自動車がブレーキをかけてから$s = 20$ mで停止した。停止するまでの時間tを求めなさい。

> ✪ 考え方
> ・初速度、終速度、距離が与えられている。距離＝速度×時間。
> ・初速度、終速度、距離で公式を使えば、式(4)と式(2)。

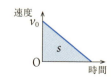

解答 1

速度を km/h から m/s へ

$40 \text{ km/h} = 40 \times \dfrac{10^3}{60^2} = 11.1 \text{ m/s}$ 　　　$60 \text{ km/h} = 60 \times \dfrac{10^3}{60^2} = 16.7 \text{ m/s}$

式 (4) $2as = v^2 - v_0^2$ から

40 km/h の加速度 　　$a = \dfrac{v^2 - v_0^2}{2s} = \dfrac{0^2 - 11.1^2}{2 \times 15} = -4.1 \text{ m/s}^2$

60 km/h の制動距離 　　$s = \dfrac{v^2 - v_0^2}{2a} = \dfrac{0^2 - 16.7^2}{2 \times (-4.1)} = 34.0 \text{ m}$

解　34 m

解答 2

式 (4) $2as = v^2 - v_0^2$ から 　　$a = \dfrac{v^2 - v_0^2}{2s} = \dfrac{8^2 - 3^2}{2 \times 10} = 2.8 \text{ m/s}^2$

$s = v_m t = \dfrac{v + v_0}{2} t$ から 　　$t = \dfrac{2s}{v + v_0} = \dfrac{2 \times 10}{8 + 3} = 1.8 \text{ s}$

解　加速度　2.8 m/s²、時間　1.8 秒

解答 3

式 (1) 　$a = \dfrac{v - v_0}{t} = \dfrac{0 - 50}{10} \times \dfrac{10^3}{60^2} = -1.4 \text{ m/s}^2$

図から　$s = \dfrac{v_0}{2} t = \dfrac{50}{2} \times 10 \times \dfrac{10^3}{60^2} = 69.4 \text{ m}$

解　加速度　−1.4 m/s²、距離　69.4 m

解答 4

40 km/h を m/s へ　　$40 \text{ km/h} = 40 \times \dfrac{10^3}{60^2} = 11.1 \text{ m/s}$

図から　$s = \dfrac{v_0}{2} t$　∴　$t = \dfrac{2s}{v_0} = \dfrac{2 \times 20}{11.1} = 3.6 \text{ s}$

解　3.6 秒

公式を使うと

式 (4) $2as = v^2 - v_0^2$ から 　　$a = \dfrac{v^2 - v_0^2}{2s} = \dfrac{0^2 - 11.1^2}{2 \times 20} = -3.0 \text{ m/s}^2$

式 (2) $v = v_0 + at$ から 　　$t = \dfrac{v - v_0}{a} = \dfrac{0 - 11.1}{-3} = 3.7 \text{ s}$

4-8 変位、速度、加速度

本書は、代数計算を主とします。皆さんが学習を進めると、数値計算から解析という分野に近づきます。ここまでの内容を、若干異なる観点で整理します。

◎ 微分・積分という考え方

これまでの「微小変位を、極めて短い時間で割る」という表現は、「変位を時間で微分する」という簡潔な言葉に変えることができます。

「移動距離は、速度と時間の面積で求められる」という表現は、「速度を時間で積分する」という簡潔な言葉に変えることができます。

◎ 変位 r の時間微分が速度 $\dot{r}$

微小な時間変化 Δt における微小変位 Δr の傾きが平均速度です。平均速度の変化分 Δ を限りなくゼロに近づけたものが、時刻 t における瞬間速度 v で、極限値記号 $\lim$（リミット）の下に $\Delta \to 0$ を小さな文字で書き、$\lim_{\Delta \to 0}$ を dr/dt と表したものを**変位の時間微分**と呼びます。

時間を変数とした関数を時間微分するときに限って、関数の上に・（ドット）を付けて表すことができるので、速度 v を $\dot{r}$（アール・ドット）とも表します。

図●速度 $\dot{r}$

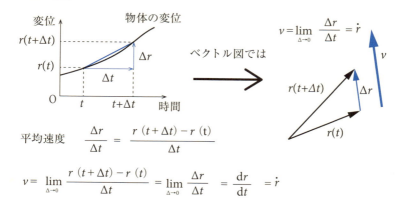

平均速度 $\dfrac{\Delta r}{\Delta t} = \dfrac{r(t+\Delta t) - r(t)}{\Delta t}$

$v = \lim_{\Delta \to 0} \dfrac{r(t+\Delta t) - r(t)}{\Delta t} = \lim_{\Delta \to 0} \dfrac{\Delta r}{\Delta t} = \dfrac{dr}{dt} = \dot{r}$

◎ 速度 v の時間微分が加速度 $\dot{v}$、$\ddot{r}$

微小な時間変化Δtにおける微小速度変化Δvの傾きが平均の加速度です。加速度aも速度$\dot{r}$と同様に、**速度の時間微分$\dot{v}$**と表されます。

ここで、$\dot{v}=\ddot{r}$ですから、加速度aを$\ddot{r}$（アール・ツー・ドット）とも表します。

図●加速度 $\dot{v}$、$\ddot{r}$

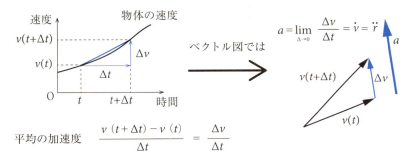

平均の加速度　$\dfrac{v(t+\Delta t)-v(t)}{\Delta t} = \dfrac{\Delta v}{\Delta t}$

$a = \lim\limits_{\Delta\to 0}\dfrac{v(t+\Delta t)-v(t)}{\Delta t} = \lim\limits_{\Delta\to 0}\dfrac{\Delta v}{\Delta t} = \dfrac{dv}{dt} = \dot{v}$　　$v=\dot{r}$　だから　$a=\dot{v}=\ddot{r}$

◎ 加速度の時間積分が速度、速度の時間積分が変位

等加速度aの加速度線図で、微小面積$\Delta v_i = a\Delta t_i$のt時間の和が、速度$v = at$です。

等速度線図で微小面積$\Delta r_i = v\Delta t_i$のt時間の和が変位$r = vt$です。

等加速度線図の微小面積$\Delta r_i = v_i\Delta t_i$の$t$時間の和が変位$r = \dfrac{vt}{2}$になります。

時間関数を時間で割る時間微分と逆に、時間関数に時間をかけて微小面積の和を求めることを**時間積分**と呼びます。

これらの表記が出てもあわてないでください。基本的な考え方を理解すれば表記上の違いで、慣れれば、何に対する関数かが明らかになります。

図●時間積分

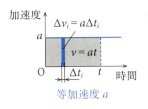
等加速度 a

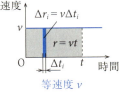
等速度 v

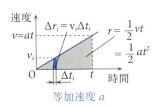
等加速度 a

4-9 落体の運動

地球上ではあらゆる物体に重力加速度が働いて、支えられていない物体は落下します。重力加速度は、ほぼ一定の値をもつので、落下は等加速度運動です。

落体の運動の式

落下は等加速度運動なので、4-6節、4-7節の式(2)、(3)、(4)がそのまま使えます。加速度aを求める式(1)は、重力加速度が定数で与えられるので、必要ありません。重力加速度は、厳密には地球上の場所によって異なりますが、9.8 m/s²とします。

鉛直方向に落下する物体の運動を邪魔するものがないとして、次のように加速度aを重力加速度g、距離sを始点からの変位（落下距離）とします。

図●落体の運動

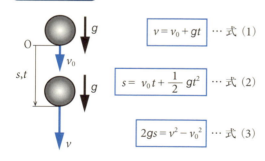

$$v = v_0 + gt \quad \cdots 式(1)$$

$$s = v_0 t + \frac{1}{2} g t^2 \quad \cdots 式(2)$$

$$2gs = v^2 - v_0^2 \quad \cdots 式(3)$$

v_0　初速度 [m/s]
v　終速度 [m/s]
t　時間 [s]
g　重力加速度 [9.8 m/s²]
s　変位 [m]

自由落下

静止している物体の支えを外し、物体が自由に落下する運動が自由落下です。

自由落下では、初速度v_0をゼロとします。

例題 地上 15 m の点から自由落下する物体について、①1秒後の速度 v、②そのときの落下距離 s、③地表に達したときの速度 v を求めなさい。

> **考え方**
> ・自由落下の初速度 v_0 はゼロ。①は式 (1)、②は式 (2) を使う。
> ・③地表に達したときの速度は、式 (3) を変形して求める。

解答例

自由落下の v_0 はゼロ

① 式 (1)　　$v = v_0 + gt = 9.8 \times 1 = 9.8$ m/s

② 式 (2)　　$s = v_0 t + \dfrac{1}{2} gt^2 = \dfrac{1}{2} \times 9.8 \times 1^2 = 4.9$ m

③ 式 (3)　　$2gs = v^2 - v_0^2$　∴ $v = \sqrt{2gs} = \sqrt{2 \times 9.8 \times 15} = 17$ m/s

解　1秒後の速度　9.8 m/s、落下距離　4.9 m、地表での速度　17 m/s

鉛直投げ下ろし

初速度 v_0 で重力加速度と同じ向きへの運動です。式 (1)、(2)、(3) をそのまま使えます。

例題 地上 20 m から $v_0 = 5$ m/s で鉛直に投げ下ろした物体について、①地表に達するまでの時間 t、②地表に達したときの速度 v を求めなさい。

> **考え方**
> ・①は、式 (2) の条件を満たしています。しかし、式 (2) は t の 2 次式で面倒そうです。そこで…
> ・式 (3) から②の v を求めて、その値と式 (1) を使って t を求めましょう。

解答例

② 式 (3)　$2gs = v^2 - v_0^2$　∴ $v = \sqrt{2gs + v_0^2} = \sqrt{2 \times 9.8 \times 20 + 5^2} = 20.4$ m/s

① 式 (1)　$v = v_0 + gt$　∴ $t = \dfrac{v - v_0}{g} = \dfrac{20.4 - 5}{9.8} = 1.6$ 秒

解　地表に達するまでの時間　1.6 秒、地表での速度　20.4 m/s

鉛直投げ上げ

真上に投げ上げた物体は、必ず落ちてきます。そこで、上がっていくときと落ちるときを別々に考えるのでは？　と悩む方がいます。

その必要はまったくありません。速度、加速度はベクトルですから、運動の向きをしっかりと設定して符号を決めれば、符号が向きを決めてくれます。

一般的には、運動開始の向きとなる、鉛直上向きを正とします。すると重力加速度は、下向きなので負にしなければなりません。

ただし、この決め方は絶対的なものでないので、下向きを正、上向きを負としても問題はありません。

図●鉛直投げ上げ

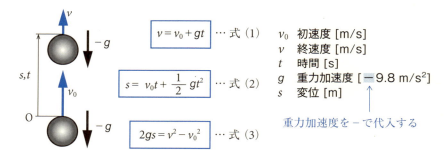

$v = v_0 + gt$ …式(1)

$s = v_0 t + \dfrac{1}{2} g t^2$ …式(2)

$2gs = v^2 - v_0^2$ …式(3)

v_0　初速度 [m/s]
v　終速度 [m/s]
t　時間 [s]
g　重力加速度 [－9.8 m/s²]
s　変位 [m]

重力加速度を－で代入する

例題　地上1.5 mから$v_0 = 20$ m/sで鉛直に投げ上げた物体について、①最高到達点の地表からの高さh、②そこまでの所要時間、③投げ上げてから地表に達するまでの時間、④地表に達したときの速度vを求めなさい。

✚ 考え方

- 投げ上げの問題は、最高到達点の速度をゼロとするのがポイント。
- すべての変数を、上向き＋、下向き－、とする。
- ①は、式(3)、②は式(1)をそれぞれ変形して未知数を求める。
- ③は、先に式(3)から④のvを求め、その値と式(1)からtを求める。

解答例

※重力加速度 $g = -9.8\ \text{m/s}^2$、最高到達点の速度をゼロとする。
地表の運動開始点からの変位 $= -1.5\ \text{m}$。

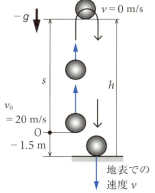

① 式(3)　$2gs = v^2 - v_0^2$

$$\therefore s = \frac{v^2 - v_0^2}{2g} = \frac{0 - 20^2}{2 \times (-9.8)} = 20.4\ \text{m}$$

始点の高さを加えて　$h = 20.4 + 1.5 = 21.9\ \text{m}$

② 式(1)　$v = v_0 + gt$

$$\therefore t = \frac{v - v_0}{g} = \frac{0 - 20}{-9.8} = 2.0\ \text{秒}$$

④ 式(3)　$2gs = v^2 - v_0^2$　$\therefore v = \sqrt{2gs + v_0^2}$

$v = \sqrt{2 \times (-9.8) \times (-1.5) + 20^2} = 20.7\ \text{m/s}$

ここで、下向きの速度だから、$v = -20.7\ \text{m/s}$

③ 式(1)　$v = v_0 + gt$　$\therefore t = \dfrac{v - v_0}{g} = \dfrac{-20.7 - 20}{-9.8} = 4.2\ \text{秒}$

解　最高到達点の地表からの高さ　21.9 m、最高到達点までの所要時間　2秒
地表に達するまでの時間　4.2秒、地表に達したときの速度　$-20.7\ \text{m/s}$

上の解答例は、すべての値を地表1.5 mの投射点を基準に求めています。
①、②で前半の投げ上げ運動がわかっているので、③、④は最高点からの自由落下として考えてもよいはずです。

③、④の別解　最高到達点の地表からの高さ $h = 21.9\ \text{m}$ として、

④'　式(3)　$2gh = v^2 - v_0^2$　$\therefore v = \sqrt{2gh} = \sqrt{2 \times 9.8 \times 21.9} = \underline{20.7\ \text{m/s}}$

③'　式(1)　$v = v_0 + gt$　$\therefore t = \dfrac{v - v_0}{g} = \dfrac{20.7}{9.8} = 2.1\ \text{秒}$

②最高到達点までの時間と加算して　$2.0 + 2.1 = \underline{4.1\ \text{秒}}$

②と③の四捨五入解との誤差です。ご自分で検算してみましょう。↑

| 練習問題 | 落体の運動 |

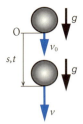

$v = v_0 + gt$ … 式(1)

$s = v_0 t + \dfrac{1}{2} gt^2$ … 式(2)

$2gs = v^2 - v_0^2$ … 式(3)

自由落下　$v_0 = 0$

鉛直投げ上げ
　上向きの運動を正とする
　最高点　$v = 0$
　重力加速度　$g = -9.8$ m/s²

問題1　川にかかる橋の上から小石を落としたところ、$t = 2.5$秒後に水面に達した。水面からの高さ h を求めなさい。

> ◎ 考え方
> ・自由落下は、式(2)で初速度 $v_0 = 0$ とする。

問題2　鉛直下方に 5 m/s で運動する物体から上向きに 20 m/s で物体が発射された。物体が発射されてから頂点へ達するまでの①時間 t と②発射位置から頂点までの高さ h を求めなさい。

> ◎ 考え方
> ・上向きの符号を正とする。重力加速度 $g = -9.8$ m/s²。
> ・頂上の速度 $v = 0$。条件から初速度 $v_0 = (20 - 5)$ m/s とする。

問題3　鉛直上方に高さ $h = 20$ m まで物体を投射するのに必要な初速度 v_0 を求めなさい。

> ◎ 考え方
> ・式(3)から v_0 を求める。

問題4　地表からある高さで、鉛直上方に $v_0 = 13$ m/s で投射した物体が、3秒後に地表に落下した。①投射点から頂点までの高さ h、②頂点までの時間 t、③投射点から地表までの距離 h_0 を求めなさい。

> ◎ 考え方
> ・③は、式(2)から運動終了時の高さを求める。

問題5　地上 $h = 30$ m から鉛直下方へ物体を投げ下ろしたところ $t = 2$ 秒で地表へ達した。初速度 v_0 を求めなさい。

> ◎ 考え方
> ・式(2)から初速度 v_0 を求める。

解答 1

式 (2)　$h = v_0 t + \dfrac{1}{2} g t^2$ ↓自由落下の v_0 はゼロ
$= 0 \times 2.5 + \dfrac{1}{2} \times 9.8 \times 2.5^2 = 30.6$ m

解　30.6 m

解答 2

① $v = v_0 + gt$　頂点の速度 v はゼロ↓
$\therefore t = \dfrac{v - v_0}{g} = \dfrac{0 - (20 - 5)}{-9.8} = 1.5$ 秒

② $h = v_0 t + \dfrac{1}{2} g t^2 =$ ↓物体の初速度　重力加速度 $g = -9.8$ m/s^2
$(20 - 5) \times 1.5 + \dfrac{1}{2} \times (-9.8) \times 1.5^2 = 11.5$ m

解　頂点までの時間　1.5 秒、頂点までの高さ　11.5 m

解答 3

$2gh = v^2 - v_0^2$　$\therefore v_0 = \sqrt{v^2 - 2gh} = \sqrt{0^2 - 2 \times (-9.8) \times 20} = 19.8$ m/s
頂点の速度 v はゼロ↑

解　19.8 m/s

解答 4

① $2gh = v^2 - v_0^2$　$\therefore h = \dfrac{v^2 - v_0^2}{2g} = \dfrac{0^2 - 13^2}{2 \times (-9.8)} = 8.6$ m

② $v = v_0 + gt$　$\therefore t = \dfrac{v - v_0}{g} = \dfrac{0 - 13}{-9.8} = 1.3$ 秒

③ $h_0 = v_0 t + \dfrac{1}{2} g t^2 =$ 地表は投射点より低い↓
$13 \times 3 + \dfrac{1}{2} \times (-9.8) \times 3^2 = -5.1$ m

解　頂点までの高さ　8.6 m、頂点までの時間　1.3 秒　地表までの距離　5.1 m

解答 5

$h = v_0 t + \dfrac{1}{2} g t^2$　　$v_0 t = h - \dfrac{1}{2} g t^2$

$\therefore v_0 = \dfrac{h}{t} - \dfrac{1}{2} g t = \dfrac{30}{2} - \dfrac{1}{2} \times 9.8 \times 2 = 5.2$ m/s
↑きれいな形にしなくても大丈夫

解　5.2 m/s

4-10 放物運動

物体を鉛直方向以外に投げ出すと、水平方向と鉛直方向に変位が生まれます。水平方向は等速度運動、鉛直方向は落体の等加速度運動です。

放物運動と分速度

仰角 θ で投射した物体で、運動の抵抗を考えないとき、水平方向は等速度運動を行い、鉛直方向は落体の運動を行います。このとき、物体の運動の軌跡は放物線となり、このような運動を**放物運動**と呼びます。

物体の速度は、軌跡の接線方向の運動速度 v、水平方向の分速度 v_x、鉛直方向の分速度 v_y として考えます。

図●放物運動と分速度

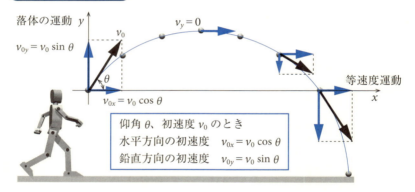

仰角 θ、初速度 v_0 のとき
水平方向の初速度　$v_{0x} = v_0 \cos \theta$
鉛直方向の初速度　$v_{0y} = v_0 \sin \theta$

水平方向の運動

物体の放物運動で外部からの抵抗を考えないとき、水平方向は等速度運動を続けると考え、水平分速度 v_x は、運動開始点の水平方向の初速度 v_{0x} を保ちます。

$$v_x = v_{0x} = v_0 \cos \theta \quad \cdots 式(1)$$

$$x = v_x t \quad \cdots 式(2)$$

v_x　水平分速度 [m/s]
v_0　初速度 [m/s]
θ　運動開始時の仰角
t　時間 [s]
x　水平方向の変位 [m]

鉛直方向の運動と接線方向の運動

鉛直方向の運動は、落体の運動の式で初速度 v_0 を鉛直方向の初速度 v_{0y} に置き換えて考えることができます。

運動開始後の接線方向の速度 v は、水平分速度 v_x と鉛直分速度 v_y から求めます。

$$v_{0y} = v_0 \sin\theta \quad \cdots 式(3)$$

$$v_y = v_{0y} + gt \quad \cdots 式(4)$$

$$y = v_{0y} t + \frac{1}{2} g t^2 \quad \cdots 式(5)$$

$$2gy = v_y^2 - v_{0y}^2 \quad \cdots 式(6)$$

$$v = \sqrt{v_x^2 + v_y^2} \quad \cdots 式(7)$$

$$\alpha = \tan^{-1} \frac{v_y}{v_x} \quad \cdots 式(8)$$

- v_0 初速度 [m/s]
- v_{0y} 鉛直方向の初速度 [m/s]
- v_y 鉛直分速度 [m/s]
- t 時間 [s]
- g 重力加速度 [m/s²]
- y 鉛直方向の変位 [m]
- θ 運動開始時の仰角
- v 接線方向の速度 [m/s]
- v_x 水平分速度 [m/s]
- α 仰角

斜め上方への投射

斜め上方への投射の鉛直方向の運動は、鉛直投げ上げと同様に、上向きを正、重力加速度を負、最高到達点での鉛直方向の分速度 v_y をゼロとします。

例題 左ページの図で、仰角 $\theta = 60°$、初速度 $v_0 = 15$ m/s で投げ出したボールについて、①2秒後の水平距離 x、②そのときの投射点からの高さ y を求めなさい。

考え方
・式(1)と(2)で水平距離、式(3)と(5)から高さを求める。g は負とする。

解答例

↓水平分速度
$$x = v_0 \cos\theta \, t = 15 \times \cos 60° \times 2 = 15 \text{ m}$$

↓重力加速度は負
$$y = v_0 \sin\theta \, t + \frac{1}{2} g t^2 = 15 \times \sin 60° \times 2 + \frac{1}{2} \times (-9.8) \times 2^2 = 6.4 \text{ m}$$
↑垂直分速度

解 水平距離 **15 m**、高さ **6.4 m**

斜め下方への投射

斜め下方への投射の鉛直方向の運動は、鉛直投げ下ろしと同様です。

水平軸を基準とすると、仰角が必ず負になります。しかし、落体の運動の向きを正と決めれば、水平分速度と鉛直分速度は、式(1)と式(3)をそのまま使えます。

図●斜め下方投射の分速度

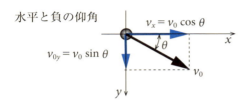

水平と負の仰角

$v_x = v_0 \cos\theta$

$v_{0y} = v_0 \sin\theta$

例題 地上 $y = 20$ m から初速度 $v_0 = 15$ m/s、水平と負の仰角 $\theta = 30°$ で投げ出したボールの①地表の落下点までの水平距離 x、②地表へ達するまでの時間 t を求めなさい。

> **考え方**
> ・①を解くにも時間 t が必要。
> ・t は、式(5)から直接、または、式(6)と式(4)を組み合わせる。
> ・設問で、v_y は問われていないので、式(5)から求める。

解答例

式(5)　↓式(3)
$y = v_0 \sin\theta \, t + \dfrac{1}{2} gt^2$、$20 = 15 \times \sin 30° \times t + \dfrac{1}{2} \times 9.8 \times t^2$

$\therefore 4.9t^2 + 7.5t - 20 = 0$

2次方程式の解の公式で

↓こちらを解とする

$\therefore t = \dfrac{-7.5 \pm \sqrt{7.5^2 - 4 \times 4.9 \times (-20)}}{2 \times 4.9} = -3.0、1.4$

式(2)　↓式(1)
$x = v_0 \cos\theta \, t = 15 \times \cos 30° \times 1.4 = 18$ m

解 水平距離　18 m、時間　1.4秒

接線方向の速度

左ページの例題の結果を使って、地表の落下点での物体の速度を求めてみましょう。水平分速度と鉛直分速度を求めて、式（7）の三平方の定理と式（8）の逆三角関数から接線方向の速度を求めます。

例題で求めた $t = 1.4$ 秒を使います。

鉛直分速度　$v_y = v_0 \sin\theta + gt = 15 \times \sin 30° + 9.8 \times 1.4 = 21.2$ m/s

水平分速度　$v_x = v_{0x} = v_0 \cos\theta = 15 \times \cos 30° = 13.0$ m/s

式（7）　$v = \sqrt{v_x^2 + v_y^2} = \sqrt{13^2 + 21.2^2} = 24.9$ m/s

式（8）　$\alpha = \tan^{-1}\dfrac{v_y}{v_x} = \tan^{-1}\dfrac{21.2}{13} = 58.5°$

> **解**　物体の速度　水平から $-58.5°$ で 24.9 m/s

水平投射

物体の水平投射は、仰角 $\theta = 0$ で、鉛直方向の初速度はありません。

例題　地上 $y = 1.5$ m から初速度 $v_0 = 20$ m/s で水平に投げた物体の水平到達距離 x を求めなさい。

> **● 考え方**
> ・地表に落下するまでの時間 t を式（5）から求める。
> ・式（2）から水平到達距離 x を求める。

解答例

式（5）から落下時間 t

鉛直方向の初速度ゼロ

$y = v_{0y}t + \dfrac{1}{2}gt^2$ から　$y = \dfrac{1}{2}gt^2$　$\therefore t = \sqrt{\dfrac{2y}{g}} = \sqrt{\dfrac{2 \times 1.5}{9.8}} = 0.6$ 秒

式（2）から水平到達距離　$x = v_x t = 20 \times 0.6 = 12$ m

> **解**　水平到達距離　12 m

練習問題　　　放物運動

問題1 地表から高さ $y = 50$ m を $v_x = 36$ km/h で水平に運動する飛行体から物体が分離した。①地表へ着地するまでの時間 t、②分離してからの水平距離 x を求めなさい。

> **⭐考え方**
> ・$v_x = 36$ km/h、$y = 50$ m の v_{0x} だけの水平投射。
> ・y 軸は下向きを正として、重力加速度は正。
> ・落下時間を求めてから水平距離を求める。

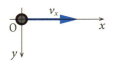

問題2 ボールを最も遠くへ投げる仰角は $45°$ といわれます。これを導き出しなさい。

> **⭐考え方**
> ・ボールを斜め上方に投射して、高さ $y = 0$ に戻るまでの時間 t を求める。
> ・式 (2) で水平到達距離 x が最大値をとる条件を導き出す。

問題3 地表から仰角 $\theta = 45°$、$v_0 = 25$ m/s で投射した物体の水平到達距離 x を求めなさい。

> **⭐考え方**
> ・前問の結果から水平到達距離 x を求める。

問題4 地上 1.5 m の高さから、仰角 $\theta = 30°$ で投げたボールが $x = 20$ m 前方に落下した。初速度 v_0 を求めなさい。

> **⭐考え方**
> ・上向きを正とする。
> ・式 (2) と式 (5) から t を消去して v_0 を求める。
> ・式 (5) の高さ y は -1.5 m。

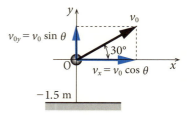

解答1

式(5)で、$v_{0y}t=0$ なので　　$y = \frac{1}{2}gt^2$　　$\therefore t = \sqrt{\frac{2y}{g}} = \sqrt{\frac{2 \times 50}{9.8}} = 3.2$ 秒

式(2)　　$x = v_x t = 36 \times \frac{10^3}{60^2} \times 3.2 = 32$ m　←1 m/s＝3.6 km/h を覚えておきましょう

解　時間　3.2秒、水平距離　32 m

解答2

ボールが $y=0$ に戻るまでの時間 t

$y = v_0 \sin\theta t - \frac{1}{2}gt^2$　　　式(5)から

$0 = v_0 \sin\theta t - \frac{1}{2}gt^2$

　$= v_0 \sin\theta - \frac{1}{2}gt$　　両辺を t で割る

$\therefore t = \frac{2v_0 \sin\theta}{g}$

$x = v_0 \cos\theta t$　　t を代入する

$x = v_0 \cos\theta \cdot \frac{2v_0 \sin\theta}{g}$

三角関数を1つにまとめるため
2倍角の公式
$\sin 2\theta = 2\sin\theta \cos\theta$ から

$x = \frac{v_0^2 \sin 2\theta}{g}$　←$\sin$ の最大値は1

解　水平距離 x は、$2\theta = 90°$のとき$\sin 2\theta = 1$で最大値になるので、$\theta = 45°$

解答3

前問の結果から、水平到達距離は、

$x = \frac{v_0^2 \sin 2\theta}{g} = \frac{25^2 \sin(2 \times 45°)}{9.8} = 63.8$ m

解　水平距離　63.8 m

解答4

式(2)　$x = v_0 \cos\theta t$　から　　$t = \frac{x}{v_0 \cos\theta}$

求めた t を式(5)　$y = v_0 \sin\theta t + \frac{1}{2}gt^2$　に代入する

　　　　　　　　　　　　　　　　　　　重力加速度は負

$y = v_0 \sin\theta \cdot \frac{x}{v_0 \cos\theta} + \frac{1}{2} \times (-9.8) \times \left(\frac{x}{v_0 \cos\theta}\right)^2$

$= x \tan\theta - 4.9 \times \frac{x^2}{v_0^2 \cos^2\theta} = 20 \tan 30° - 4.9 \times \frac{20^2}{v_0^2 \cos^2 30°}$　←$(\cos\theta)^2$

$= 11.5 - \frac{2613}{v_0^2} = -1.5$　←投射点を基準に地表は、-1.5 m

$\frac{2613}{v_0^2} = 13$　　$\therefore v_0 = \sqrt{\frac{2613}{13}} = 14.2$ m/s

解　斜め投げ上げ初速度 14.2 m/s

4-11 回転運動の速度

機械の動力の多くは回転軸から取り出されます。機構の運動も直線運動と回転運動に大きく分けられます。物体の回転について考えます。

周速度

回転体の円周上の点Pが時間tの間に円弧の距離s移動したとき、$\frac{s}{t}$を**周速度**vと呼びます。距離sは半径に比例するので、周速度も半径に比例します。

代表的な機械加工法である旋盤の外周切削で、主軸回転数一定のとき、**切削速度**と呼ばれる、材料と工具刃先の接触点での周速度は、半径に比例します。

図●周速度

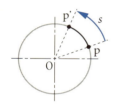

$$v = \frac{s}{t} \quad \cdots 式(1)$$

s 距離[m]
t 時間[s]
v 周速度[m/s]

点 p の周速度 v_p
点 q の周速度 v_q

周速度は、半径に比例する

例題 60 km/hで走行する自動車で、タイヤの回転軸に対するタイヤ接地点の周速度を求めなさい。

考え方と解答

・タイヤを回転軸を中心とした回転体と考え、自動車の速度を周速度とする。

$$60 \text{ km/h} = 60 \times \frac{10^3}{60^2} = 16.7 \text{ m/s}$$

解 16.7 m/s

角速度

回転体が時間 t の間に中心角 θ 回転したとき、$\dfrac{\theta}{t}$ を**角速度** ω と呼びます。1秒間に進む角度の大きさです。θ の単位は、弧度法の rad で表します。角速度を用いると、回転体の大きさに関係せずに回転の速さを表すことができます。

円弧の距離 s は、弧度法を使うと半径 r と中心角 θ の積になるので、周速度 v と角速度 ω は、$v = r\omega$ となります。

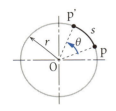

$$\boxed{\omega = \frac{\theta}{t}} \quad \cdots 式(2)$$

θ 回転角 [rad]
t 時間 [s]
ω 角速度 [rad/s]

$$s = r\theta \qquad v = \frac{s}{t} = \frac{r\theta}{t} = r\omega \qquad \boxed{v = r\omega} \quad \cdots 式(3)$$

例題　$v = 15$ km/h で走っている自転車がある。タイヤの直径を700 mm として、①タイヤの角速度 ω、②1秒間にタイヤは何回転するかを求めなさい。

> **考え方**
> ・15 km/h を周速度として、角速度 ω に換算する。
> ・角速度 ω からタイヤが1秒間に回転する量を求める。

解答例

式(3) $v = r\omega$ から $\omega = \dfrac{v}{r} = \dfrac{15}{\frac{0.7}{2}} \times \dfrac{10^3}{60^2} = 11.9$ rad/s

↑半径を m で

円の中心角は 2π rad だから
タイヤが1秒間に回転する量は $\dfrac{\omega}{2\pi} = \dfrac{11.9}{2\pi} = 1.9$ 回転/秒

解　11.9 rad/s、タイヤの回転量　1.9回転/秒

4-12 回転運動の回転数

回転の速さを表すのに、周速度や角速度とは別に、単位時間にどれだけ回転したかの回数で表す回転数という方法が使われます。

◎ 回転数

工作機械の主軸や回転工具、自動車のエンジンなどの回転の速さを表すのに、単位時間に何回転したかという回転数という表し方が使われます。

- rpm (revolution per minute)　　　毎分の回転数
- rps (revolution per second)　　　毎秒の回転数

回転数は、回転体の大きさには関係しないので、角速度とすぐに換算できます。回転体の直径や半径の寸法が加わると、周速度との換算ができます。

回転体が1回転するのに要する時間を周期と呼び、周期は回転の速さを表す量の逆数で表されます。

1秒間に n 回転を n rps と表す。円の中心角は 2π rad だから

$$\omega = 2\pi n \quad \cdots 式(4)$$

$$n = \frac{\omega}{2\pi} \quad \cdots 式(5)$$

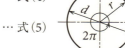

n 回転で $2\pi n$

回転数と周速度は、式(3) $v = r\omega$ に式(4)を代入して、

式(3)　$v = r\omega = 2\pi rn = \pi dn$

$$v = 2\pi rn \quad または \quad v = \pi dn \quad \cdots 式(6)$$

n rps は1秒間に n 回転だから、1回転に要する周期は、

$$T = \frac{1}{n} \quad または \quad T = \frac{2\pi}{\omega} \quad \cdots 式(7)$$

ω　角速度 [rad/s]
n　回転数 [rps]
v　周速度 [m/s]
r　半径 [m]
d　直径 [m]
T　周期 [s]

例題1 旋盤で直径 $d = 40$ mm の丸棒の外周切削を行う。切削速度を $v = 40$ m/min とするのに必要な主軸回転数を rpm で求めなさい。

> **◎ 考え方**
> ・単位を m、s に統一する。
> ・旋盤作業の寸法は直径で測る。計算は直径で。

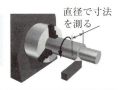
直径で寸法を測る

解答例

機械工作法の一般式として使えます。↓

式(6)　$v = \pi d n$ の単位を換算する。

$$\frac{v}{60} = \pi \times \frac{d}{1000} \times \frac{n}{60} \quad \leftarrow \text{rpm を rps に}$$
　↑　　　　　↑mm を m に
m/min を m/s に

両辺を 60 倍して　$\boxed{v = \dfrac{\pi d n}{1000}}$

$$\therefore n = \frac{1000v}{\pi d} = \frac{1000 \times 40}{\pi \times 40} = 318 \text{ rpm}$$

解　318 rpm

例題2 小型ポンプの羽根車の直径 $d = 200$ mm、回転数 $n = 2800$ rpm とする。①角速度 ω、②羽根外周の周速度 v を求めなさい。

> **◎ 考え方**
> ・単位を m、s に統一する。角速度は rad/s。

200 mm
2800 rpm

解答例

①角速度　式(4)　$\omega = 2\pi n$ の単位を換算する。

$$\omega = \frac{2\pi n}{60} = \frac{2\pi \times 2800}{60} = 293 \text{ rad/s}$$
　　　　↑rpm を rps に

②周速度　式(6)　$v = \pi d n$ の単位を換算する。

$$v = \pi \times \frac{d}{1000} \times \frac{n}{60} = \frac{\pi \times 200 \times 2800}{1000 \times 60} = 29.3 \text{ m/s}$$
mm を m に↑　　↑rpm を rps に

解　角速度 293 rad/s、周速度 29.3 m/s

4-13 角加速度

前節まで考えていた回転速度や回転数は、ある時間における平均の量です。直線運動と同様に、回転運動でも等速運動と加速度運動が考えられます。

角加速度

回転運動で時刻tにおける瞬間の角速度ωが時間変化Δt後の時刻t'においても角速度ωであれば、等速運動です。

時刻tにおける角速度ωが、時刻$t + \Delta t$において角速度ω'になったとき、その角速度変化$\Delta \omega$をΔtで割った量を**角加速度**と呼びます。

角加速度は、4-8節で紹介した時間微分表記を使い、$\ddot{\theta}$（シータ・ツー・ドット）、$\dot{\omega}$（オメガ・ドット）などで表し、rad/s²を単位とします。

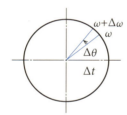

$$\dot{\omega} = \frac{\Delta \omega}{\Delta t}$$

$$\omega = \frac{\Delta \theta}{\Delta t} = \dot{\theta}$$

$$\dot{\omega} = \frac{\Delta \dot{\theta}}{\Delta t} = \ddot{\theta}$$

ω　角速度[rad/s]
θ　中心角[rad]
t　時間[s]
$\dot{\omega}$、$\ddot{\theta}$　角加速度[rad/s²]
（時間あたりの角速度の増減）

例題　扇風機の電源を入れて$t_1 = 4$秒後に$n = 1500$ rpmになり、電源を切ってから$t_2 = 12$秒後に停止した。始動と停止の角加速度を求めなさい。

> **考え方**
> ・回転数変化をradに換算して変化時間で割る。

解答例　角速度 $\omega = 2\pi n$、角加速度 $\dot{\omega} = \dfrac{\Delta \omega}{\Delta t}$ より

始動時　$\dot{\omega}_1 = \dfrac{2\pi n}{60 \times t_1} = \dfrac{2\pi \times 1500}{60 \times 4} = 39.3$ rad/s²

停止時　$\dot{\omega}_2 = \dfrac{2\pi n}{60 \times t_2} = \dfrac{2\pi \times 1500}{60 \times 12} = 13.1$ rad/s²

解　始動時　39.3 rad/s²、停止時　13.1 rad/s²

練習問題　　回転運動

解答部分を隠して考えてみましょう

問題1 時計の秒針の長さが150 mmある。周期、角速度、先端の周速度を求めなさい。

> **考え方**
> ・秒針は60秒で1回転。

問題2 自転車の後輪の直径700 mm、後輪のスプロケットの直径60 mm、クランク軸のスプロケットの直径160 mm、クランクペダルの長さ150 mmとする。クランクペダルを回転させて、後輪を2 rpsさせるときのペダルの回転数をrpsで求めなさい（4-11節の例題から自転車の速度は、約15 km/hです）。

> **考え方**
> ・概略図を描いて、与えられた条件から必要な情報を見極める。
> ・2つのスプロケットは、チェーンでつながれているので、周速度が等しい。

解答1

秒針は60秒で1回転するので、周期は60秒。
角速度は、60秒で2π rad　だから　$\omega = \dfrac{2\pi}{60} = \dfrac{\pi}{30}$ rad/s
周速度は、$v = r\omega$から　$v = 150 \times 10^{-3} \times \dfrac{\pi}{30} = 15.7 \times 10^{-3}$ m/s = 15.7 mm/s

解　周期　60秒、　角速度　$\dfrac{\pi}{30}$ rad/s、　周速度　15.7 mm/s

解答2

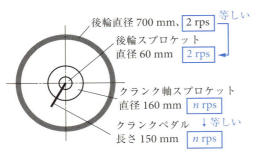

後輪スプロケットとクランク軸スプロケットの周速度が等しい。

式(6)　$v = \pi d n$

　　　　後輪側　　　クランク側
$v = 2 \times 60\pi = 160\pi n$

∴ $n = \dfrac{2 \times 60}{160} = 0.75$ rps

解　0.75 rps

column

変位と負の加速度など

　変位、道のり（移動距離）、速度、速さ…など、これらは、第4章の冒頭で題材とした内容です。

　用語の定義は大切で、正確に使わなければいけませんが、どうしても曖昧なところが否めません。

　4-2節の速さと速度の例題「点Aから直進して、2秒後に6 m離れた点Bに着いた。すぐに折り返して、点Bから直進して、3秒後に点Aに戻った。速さと速度を求めなさい」は、「速さ＝全移動距離÷運動時間＝2.4 m/s、速度＝変位÷時間＝0」という速さと速度の定義の違いを示しています。

　4-6節の例題1「列車の速度が$t=10$秒間で、$v_0=20$ km/hから$v=50$ km/hになった。加速度aを求めなさい」は、「加速度＝速度の変化分÷時間＝0.8 m/s^2」を解とします。この例題で、v_0、vは、変位を明らかにしないまま、速度と呼びました。

　速度の定義からすれば、おかしなはずですが、この曖昧さを容認していただくために、4-3節で、「特に断りのない場合、速度は運動の瞬間における瞬間速度を指す」としています。

　これらの用語を理解するには、4-9節の鉛直投げ上げ運動をじっくりと考えることをお勧めします。

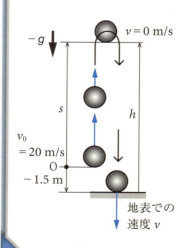

「地上1.5 mから$v_0=20$ m/sで鉛直に投げ上げた物体について、①最高到達点の地表からの高さh、②そこまでの所要時間、③投げ上げてから地表に達するまでの時間、④地表に達したときの速度vを求めなさい」

　この運動の変位は？　と聞かれれば、－1.5 mと即答されるはずです。

　それでは、変位10 mに達するまでの時間、そのときの速度はどうでしょう。

　2組の解があることは、おわかりだと思います。

　解は、　{0.6秒、+14.3 m/s}と
　　　　　{3.5秒、－14.3 m/s}です。

第 **5** 章
力と運動

4章では、運動の様子を考えました。
止まっている物体を動かすには力が必要で、
運動の状態を変えるにも力が必要です。
本章では、機械の運動に必要な力と運動の関係を
考えます。

5-1　力と直線運動の変化
5-2　力と運動の法則
5-3　慣性力
練習問題●力と直線運動
5-4　作用・反作用
練習問題●作用・反作用
5-5　力と円運動
練習問題●力と円運動
5-6　運動量と力積
練習問題●運動量と力積
5-7　運動量保存の法則
5-8　反発係数と衝突
練習問題●運動量保存の法則と衝突
5-9　摩擦力
5-10　すべり摩擦
5-11　ころがり摩擦
5-12　ころがり抵抗
練習問題●摩擦力
column●慣性力

5-1 力と直線運動の変化

力を物体に加えると、加速度が生まれ、物体の運動状態が変化します。直線運動と力の関係を考えます。

🔧 力と加速度

1-5節で、力F、物体の質量m、運動の加速度aの関係を$F=ma$で表し、力の定義としました。物体の運動を変化させる力と加速度を例題で考えましょう。

力の定義式　$\boxed{F=ma}$

m　質量 [kg]
a　加速度 [m/s^2]
F　力 [N]

例題1　静止している質量$m=10$ kgの物体に一定の力Fを与え、$t=5$秒後に$v=10$ m/sの速度になった。与えた力を求めなさい。

> **⚙ 考え方**
> ・1-5節の力の定義式　$F=ma$を使う。
> ・速度と加速度は4-6節の式（1）で初速度$v_0=0$とする。

解答

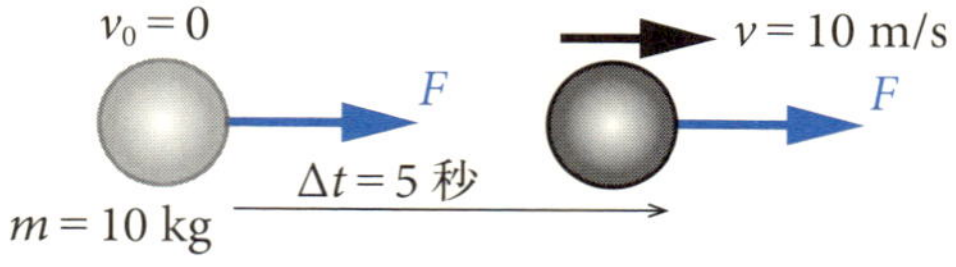

$v_0=0$　　　　　　　　　　$v=10$ m/s
　　　　　　F　　　　　　　　　F
$m=10$ kg　　$\Delta t=5$ 秒

4-6節の式（1）　$a=\dfrac{v-v_0}{t}$　を $F=ma$ へ代入して

$F=ma=m\dfrac{v-v_0}{t}=10\times\dfrac{10-0}{5}=20$ N　←初速度 $v_0=0$

解　20 N

例題2 質量 $m = 20$ kg、初速度 $v_0 = 6$ m/s で運動する物体に運動と逆向きに $F = 50$ N の力を与えて、物体が静止した。力の作用時間 t を求めなさい。

○考え方
・力 F は運動と逆向きなので負とする。

解答

$a = \dfrac{v - v_0}{t}$ ∴ $t = \dfrac{v - v_0}{a}$ …式(1)　　$F = ma$ ∴ $a = \dfrac{F}{m}$ …式(2)

式(1)、(2)から $t = \dfrac{v - v_0}{a} = \dfrac{m}{F}(v - v_0) = \dfrac{20}{-50} \times (0 - 6) = 2.4$ 秒

力が逆向きなので − ↑

解　2.4 秒

例題3 人が乗った合計重量 $W = 1300$ N の二輪車が、水平な平坦路で $t = 4$ 秒間で 10 km/h から 30 km/h になった。①必要とされた力 F、②走行距離 s を求めなさい。

○考え方
・運動体の質量と加速度の積が力になる。単位を N、m、s とする。

解答例

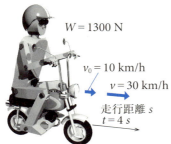

$W = 1300$ N
$v_0 = 10$ km/h
$v = 30$ km/h
走行距離 s
$t = 4$ s

① 力 F を求める

・重量と質量は 1-5 節で　$W = mg$ ∴ $m = \dfrac{W}{g}$

・速度と加速度は 4-6 節の式(1)　$a = \dfrac{v - v_0}{t}$

これらを $F = ma$ へ代入して

$F = ma = \dfrac{W}{g} \cdot \dfrac{v - v_0}{t}$

$= \dfrac{1300}{9.8} \times \dfrac{30 - 10}{4} \times \dfrac{10^3}{60^2} = 184$ N

km/h を m/s へ

② 距離 s を求める　4-7 節で公式を誘導するもととなった次の式を使います。

$s = \dfrac{v + v_0}{2} t = \dfrac{30 + 10}{2} \times \dfrac{10^3}{60^2} \times 4 = 22.2$ m

km/h を m/s へ

解　力　184 N、距離　22.2 m

5-2 力と運動の法則

ニュートンの運動の第二法則「加速度の大きさは、外力の大きさに比例し、物体の質量に反比例する」を表した運動方程式を考えます。

⚙ $ma = F$ と $F = ma$

1-5節と1-9節で説明したように、この2つの式は意味が異なります。

$ma = F$ は、自然科学物理の力学で、ニュートンの運動方程式として、質量をもとに、物体の運動をはっきりとさせることに使われます。

$F = ma$ は、歴史的に力をもととして、力の働きを主として考える機械工学で、実用的な式として使われます。本書では、$F = ma$ を力の定義式とします。

例題で違いを考えてみましょう。

運動方程式 $\boxed{ma = F}$

力の定義式 $\boxed{F = ma}$

m 質量 [kg]
a 加速度 [m/s^2]
F 力 [N]

例題　質量 m の物体をロープにつるして加速度 a で引き上げた。ロープの張力 T を求めなさい。

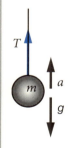

> ✪ **考え方1　運動方程式で考える**
> ・地上に座標系を置き、質量 m の物体を加速度 a で運動させる力が、物体に働く外力の総和に等しいとして、運動方程式をつくります。

> ✪ **考え方2　力の定義式と力のつり合いで考える**
> ・1-10節で説明した非慣性系の運動です。物体に座標系を置き、物体に働く慣性力に注目して、上向きの力と下向きの力がつり合いながら、運動していると考えます。

解答1

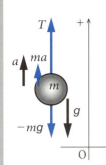

地上に設定した慣性系座標で物体の運動方向を正とする

- **物体を運動させる力**　ma　上向き＋
- **張力**　T　上向き＋
- **重力**　$-mg$　下向き－

【左辺】物体を運動させる力 ＝【右辺】物体に働く外力の総和として、運動方程式をつくる

　$ma = T - mg$　←これが運動方程式

$\therefore\ T = mg + ma = m(g+a)$

　　　　　　　　　　　　　　解　$T = m(g+a)$

解答2

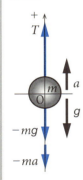

物体に設定した非慣性系座標で物体の運動方向を正とする

- **張力**　T　上向き＋
- **物体の重量**　$-mg$　下向き－
- **慣性力**　$-ma$　下向き－（慣性力は加速度の向きと逆向き）

物体に働く力の総和がゼロでつり合っているとして

　$T - mg - ma = 0$　←つり合いの式

$\therefore\ T = mg + ma = m(g+a)$

　　　　　　　　　　　　　　解　$T = m(g+a)$

◎ 2つの解答例の違い

　解答1は、物理系力学の考え方で、物体の運動に関係する力を $ma = F$ の運動方程式として表します。運動方程式のポイントは、【左辺】物体を運動させる力、【右辺】物体に働く外力の総和とすることです。

　例題は、物体が1つなので、運動方程式が1つです。物体が複数あるときには、それぞれの物体に1つずつの運動方程式をつくります。

　解答2は、機械工学系で使われる考え方です。物体の慣性力を使って、非慣性系（加速度系）の運動として考えます。慣性力を考えることで、慣性系における力のつり合いと同じように扱うことができます。慣性力と物体の重量は、力の定義式から求めています。

5-3 慣性力

ニュートンの運動の第一法則は「**慣性の法則**」です。加速度運動を行う物体で観察される慣性力について考えましょう。

◎ 直線運動の慣性力

慣性力の代表的な事例として、加速度 a で水平に走る電車の天井から紐でつるした質量 m の物体が鉛直と θ 後方に傾いている、という運動を考えます。

鉛直方向は重力と張力の鉛直分力がつり合い、静止しているので、水平方向の運動を考えます。

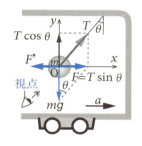

●機械工学系に多い力のつり合いの式

車内の観察者は、物体に設定した非慣性系座標で観察します。

すると、物体を後方へ引っ張る力 $F' = -ma$ と張力 T の水平分力 $F = T\sin\theta$ から、

$$-ma + T\sin\theta = 0 \quad \therefore ma = T\sin\theta$$

というつり合いの式が考えられます。

●物理系で使う運動方程式

地上の観察者は、地上に設定した慣性系座標で観察します。すると、物体を運動させる力 $= ma$ と物体に働く外力 $F = T\sin\theta$ から、運動方程式 $ma = T\sin\theta$ が考えられます。

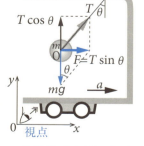

観察する系が異なっても1つの運動を観察しているのですから、同じ結果が得られます。

非慣性系座標で観察される、加速度と逆向きに働く力 $F' = -ma$ を**慣性力**と呼びます。慣性系座標からは、慣性力は観察されません。

例題1 重量 $W = 20$ N の物体に加速度 $a = 1$ m/s^2 の運動を与えた。物体に働く慣性力を求めなさい。

◎ 考え方

a の方向は問いません↓

・慣性力は加速度の向きと逆向きに働く。$F' = -ma$

解答例

・重量と質量は 1-5 節で $W = mg$ ∴ $m = \dfrac{W}{g}$

・慣性力を $F' = -ma$ として、上で求めた m を代入する。

$$F' = -ma = -\dfrac{W}{g}a = -\dfrac{20}{9.8} \times 1 = -2.0 \text{ N}$$

解　加速度と逆向きに、2 N

例題2 地面に置かれていた重量 $W = 500$ N の荷物を、クレーンを使って一定の力で、$t = 5$ 秒間に $s = 10$ m 引き上げた。このときの力 F を求めなさい。

◎ 考え方
・重量 W は、外力として物体に働く重力。
・力と運動を結びつけるには、加速度が必要。
・初速度 $v_0 = 0$、距離 s と時間 t から加速度 a を求める。

解答例

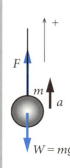

↓運動方程式は、$ma = F - W$

・荷物を引き上げる力　　$F = W + ma$　　　　　… 式 (1)

・重量と質量は 1-5 節で　$W = mg$　∴ $m = \dfrac{W}{g}$　… 式 (2)

・初速度 $v_0 = 0$ の加速度は 4-7 節の式 (3) で

$$s = v_0 t + \dfrac{1}{2}at^2 = \dfrac{1}{2}at^2 \quad \therefore a = \dfrac{2s}{t^2} \quad \cdots 式 (3)$$

式 (2) と (3) を式 (1) へ代入して

$$F = W + ma = W + \dfrac{W}{g}\dfrac{2s}{t^2} = 500 + \dfrac{500}{9.8} \times \dfrac{2 \times 10}{5^2} = 541 \text{ N}$$

解　541 N

練習問題　力と直線運動

問題1　人が乗った合計質量 $m = 90$ kg の自転車が、速度 $v_0 = 20$ km/h で走行中にブレーキを均一にかけて距離 $s = 5$ m で停止した。作用した力 F を求めなさい。

> ✪ 考え方
> ・終速度はゼロ、初速度 v_0 を m/s に換算しておく。
> ・距離と速度から加速度を求め、$F = ma$ を利用する。

問題2　体重 $m = 65$ kg の人が、2 m/s^2 の加速度 a で上昇するエレベータに乗っている。人の体重が床に与える力 F を求めなさい。

> ✪ 考え方
> ・人の体重は質量 m として扱う。
> ・加速度 a が働く質量 m の物体の重力と慣性力の和を求める。

問題3　電車が等加速度で走行しているとき、天井から糸でつるしたおもりが鉛直から $\theta = 20°$ 傾いた。加速度を求めなさい。

> ✪ 考え方
> ・水平方向、鉛直方向の運動方程式または力のつり合い式をつくる。
> ・2つの式から重力加速度、傾斜角、加速度だけの式をつくる。

問題4　地面に置いた重量 $W = 200$ N の物体を一定の力 $F = 220$ N で地上 15 m まで引き上げるのに要する時間 t を求めなさい。

> ✪ 考え方
> ・重量は、物体に働く外力として使う。
> ・物体の運動は静止状態から始まるので、初速度はゼロ。

解答1

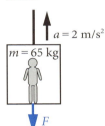

$v_0 = 20 \times \dfrac{10^3}{60^2} = 5.6 \text{ m/s}$

4-7 節の式（4） $2as = v^2 - v_0^2$ ∴ $a = \dfrac{v^2 - v_0^2}{2s}$

$F = ma = m\dfrac{v^2 - v_0^2}{2s} = 90 \times \dfrac{0^2 - 5.6^2}{2 \times 5} = -282 \text{ N}$

解　運動と逆向きに 282 N

解答2

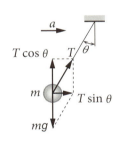

重力加速度の向きを正として
力の定義から
$F = mg + ma = m(g + a) = 65 \times (9.8 + 2) = 767 \text{ N}$
重力↑　　↑慣性力は加速度の向きと逆向き

解　767 N

解答3

水平方向と鉛直方向の運動方程式をつくる。

水平方向　$ma = T\sin\theta$　…式（1）
鉛直方向　$mg = T\cos\theta$　…式（2）

式（1）と式（2）の辺々で（1）÷（2）

$\dfrac{a}{g} = \dfrac{\sin\theta}{\cos\theta} = \tan\theta$　∴ $a = g\tan\theta$

$a = g\tan\theta = 9.8 \times \tan 20° = 3.6 \text{ m/s}^2$

解　3.6 m/s²

解答4

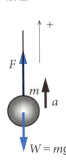

↓運動方程式
$ma = F - W$　$m = \dfrac{W}{g}$ より　∴ $\dfrac{W}{g}a = F - W$

∴ $a = g\dfrac{F - W}{W} = 9.8 \times \dfrac{220 - 200}{200} = 0.98 \text{ m/s}^2$

$s = v_0 t + \dfrac{1}{2}at^2 = \dfrac{1}{2}at^2$

∴ $t = \sqrt{\dfrac{2s}{a}} = \sqrt{\dfrac{2 \times 15}{0.98}} = 5.5$ 秒

解　5.5 秒

5-4 作用・反作用

「AがBを押せば、BはAを押し返す」ニュートンの運動の第三法則、**作用・反作用**は、2つの物体の**相互作用**です。

◎ 力の相互作用

2つの物体が対となって、互いに影響しあうことを相互作用といいます。

物体の接触・非接触、運動状態に関係せず、物体Aと物体B相互に、同じ作用線上で、大きさが等しく逆向きの力が働く相互作用が、**作用・反作用**です。

①**壁と手** 人の力が相互作用を生むので、手が壁に与える外力が作用、壁が手に与える力が反作用です。反作用の力を**反力**または、**抗力**と呼びます。

②**床と荷物** 荷物の重力が相互作用を生むので、荷物が床に与える外力が作用、床が荷物に与える反力が反作用です。反作用Nと重力mgは、荷物における力のつり合いです。

③**静止する球と手** 人の力と球の重力、2つの外力の発生源があります。1-9節で考えたように、手に着目するか、球に着目するかで、作用とする力が変わります。手が球に与える力F_Aと重力mgは、球における力のつり合いです。

◎ 運動体の作用・反作用

図③静止する球と手は、手が球に与える力F_Aと球の重力mgが等しいので、球が静止しています。手の力を作用Fと考えて、球を運動させてみましょう。

球を上昇させるには、$F>mg$とします。すると球における力のつり合いが崩れて、上向きの加速度が球に生じて、球が上昇します。このとき、球は手にFと等しい大きさで逆向きの反作用Nを与えます。

球を下降させるには、$F<mg$とします。すると球に下向きの加速度が生じて、球が下降します。このときも、球は手にFと等しい大きさで逆向きの反作用Nを与えます。

作用・反作用は2つの物体の相互作用で、1つの物体における力のつり合いとは異なります。

図●力の相互作用

①壁と手

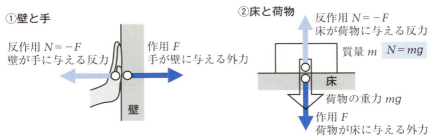

②床と荷物

③静止する球と手

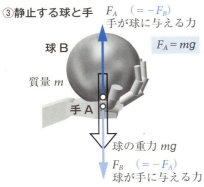

作用・反作用は物体の運動状態に関係しない。

①は、固定された剛体を押しても動かない。
②は、荷物の重力 mg と反作用 N がつり合っている。
③が静止するのは、球の重力 mg と手の力 F_A がつり合うから。
　つり合いは、1つの物体。
　作用・反作用は2つの物体間。

図●運動体の作用・反作用

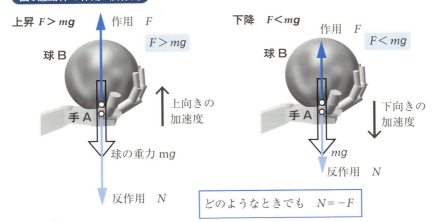

どのようなときでも $N = -F$

例題1 質量 $m_A = 3$ kg、速度 $v_{A0} = 2$ m/sの鉄球Aが、質量 $m_B = 2$ kgの静止している鉄球Bに衝突して、衝突後のAの速度 $v_A = 0.4$ m/sになった。運動を邪魔するものはなく、一直線上で行われるとして、Bの速度 v_B を求めなさい。

$v_{A0} = 2$ m/s　　　$v_A = 0.4$ m/s
　　　　　$v_{B0} = 0$　　　　　　　　v_B
　Ⓐ Ⓑ　　　　　　　　　Ⓐ　　Ⓑ
$m_A = 3$ kg　$m_B = 2$ kg　　　　　　+

> **考え方**
> ・AとBの衝突の瞬間に作用・反作用の法則が成り立つと考える。
> ・A、Bの加速度を衝突の時間 t と速度の変化分として考える。

解答例

AがBに与える力 $F_A = m_A a_A$、BがAに与える力 $F_B = m_B a_B$

作用・反作用の法則から　　$F_A = -F_B$　∴ $m_A a_A = -m_B a_B$　… 式 (1)

4-6節の式 (1)　$a = \dfrac{v - v_0}{t}$　… 式 (2)

式 (1)、(2) から　$m_A \dfrac{v_A - v_{A0}}{t} = -m_B \dfrac{v_B - v_{B0}}{t}$　∴ $m_A (v_A - v_{A0}) = -m_B v_B$

∴ $v_B = -(v_A - v_{A0}) \dfrac{m_A}{m_B} = -(0.4 - 2) \times \dfrac{3}{2} = 2.4$ m/s

解　2.4 m/s

例題2 エレベータに体重計を持ち込んだ。停止中のエレベータの中で、体重計の表示 $m = 65$ kgの人が下降の途中で $m' = 58$ kgになった。このときのエレベータの加速度 a を求めなさい。

> **考え方**
> ・体重計の表示は質量とする。下降中の表示を見かけの質量と考える。
> ・体重計は、人の重量を作用とした反作用の抗力を表す。
> ・①エレベータ外部と②エレベータ内部とで考えてみよう。

解答例

停止中の体重を人の質量 m、運動中の体重を見かけの質量 m'、抗力 $N = m'g$ とする。

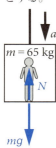

① 外部から 下向きを正として運動方程式をつくる。
$$ma = mg - N = mg - m'g = g(m - m')$$
$$\therefore a = \frac{g(m - m')}{m} = \frac{9.8 \times (65 - 58)}{65} = 1.06 \text{ m/s}^2$$

② エレベータ内で 重力、抗力、慣性力のつり合いから
$$mg - N - ma = 0$$ (慣性力)
$$\therefore ma = mg - N \quad 以降①と同じ$$

解 下向きに 1.06 m/s²

例題 3 総重量 $W_A = 1000$ N のボート A と、総重量 $W_B = 1500$ N のボート B が流れのない湖面に浮いている。A、B 間にロープを渡し、たるまないように引き合い、3 秒後に A の速度 v_A が 1 m/s になった。B の速度 v_B を求めなさい。

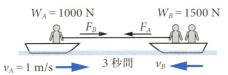

◆ 考え方
- ロープを引き合う力を F_A、F_B として、作用・反作用の法則を考える。
- A、B の初速度はゼロ。

解答例

作用・反作用の法則から $\quad F_A = -F_B \quad \therefore m_A a_A = -m_B a_B \quad \cdots 式(1)$

4-6 節の式 (1) で、A、B ともに初速度がゼロ $\quad a = \dfrac{v - v_0}{t} = \dfrac{v}{t} \quad \cdots 式(2)$

重量から質量を求めると $\quad W = mg \quad \therefore m = \dfrac{W}{g} \quad \cdots 式(3)$

式 (1)、(2)、(3) から $\dfrac{W_A}{g} \dfrac{v_A}{t} = -\dfrac{W_B}{g} \dfrac{v_B}{t} \quad \therefore W_A v_A = -W_B v_B$

$$\therefore v_B = -v_A \frac{W_A}{W_B} = -1 \times \frac{1000}{1500} = -0.67 \text{ m/s}$$

解 A に向かって 0.67 m/s

練習問題　作用・反作用

問題1　直線レール上で、速度 $v_{A0} = 1$ m/s、重量 $W_A = 300$ N の台車 A に、速度 $v_{B0} = 3$ m/s、重量 $W_B = 200$ N の台車 B が追突して、追突後の A の速度が $v_A = 2.6$ m/s になった。運動を邪魔するものはないとして、B の速度 v_B を求めなさい。

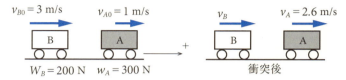

◎ 考え方
・例題1を参考として、追突の瞬間で作用・反作用の法則を考える。
・A、B の加速度 a を追突の時間 t と速度の変化分から考える。

問題2　問題1の台車 A、B をロープで連結して、A を力 F で停止状態から $t = 4$ 秒間引っ張り、$s = 4$ m 進んだ。①A に与えた力 F、②A が B を引く力 f を求めなさい。

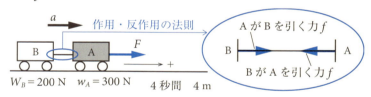

◎ 考え方
・A、B ともに同じ加速度 a で運動する。
・A と B を結ぶロープには、作用・反作用の法則が成り立つ。

問題3　静かな湖水で停止している総重量 1000 N のボートから、体重 $W_A = 650$ N の人が $v_A = 2$ m/s で飛び込んだ。ボートの運動を答えなさい。

$W_B = (1000 - 650)$ N　$v_A = 2$ m/s　$W_A = 650$ N

◎ 考え方
・人 A が飛び込む運動を作用 F_A、ボート B の運動を反作用 F_B とする。
・人とボートの加速度を飛び込み時間 t と速度の変化分から考える。

解答1

BがAに与える力 $F_B = m_B a_B$、AがBに与える力 $F_A = m_A a_A$
作用・反作用の法則から $F_A = -F_B$ ∴ $m_A a_A = -m_B a_B$ … 式(1)

4-6節の式(1) $a = \dfrac{v - v_0}{t}$ … 式(2)

重量から質量を求めると $W = mg$ ∴ $m = \dfrac{W}{g}$ … 式(3)

式(1)、(2)、(3)から

$\dfrac{W_A}{g} \dfrac{v_A - v_{A0}}{t} = -\dfrac{W_B}{g} \dfrac{v_B - v_{B0}}{t}$ ∴ $W_A(v_A - v_{A0}) = -W_B(v_B - v_{B0})$

∴ $v_B - v_{B0} = -(v_A - v_{A0}) \dfrac{W_A}{W_B}$

∴ $v_B = v_{B0} - (v_A - v_{A0}) \dfrac{W_A}{W_B} = 3 - (2.6 - 1) \times \dfrac{300}{200} = 0.6$ m/s

解 0.6 m/s

解答2

4-7節の式(3)で初速度 $v_0 = 0$ として、加速度 a を求める。
↑a は、A、Bで等しい

$s = \dfrac{1}{2} at^2$ ∴ $a = \dfrac{2s}{t^2} = \dfrac{2 \times 4}{4^2} = 0.5$ m/s²

Aの運動方程式 $m_A a = F - f$ … 式(1)、Bの運動方程式 $m_B a = f$ … 式(2)

式(2)から $f = m_B a = \dfrac{W_B}{g} a = \dfrac{200}{9.8} \times 0.5 = 10.2$ N

式(1)から $F = m_A a + f = \dfrac{W_A}{g} a + f = \dfrac{300}{9.8} \times 0.5 + 10.2 = 25.5$ N

解 $F = 25.5$ N、$f = 10.2$ N

解答3

人AとボートBの加速度を a として、作用・反作用の法則から

$F_A = -F_B$ ∴ $m_A a_A = -m_B a_B$

4-6節の式(1)で、A、Bともに初速度がゼロ $a = \dfrac{v - v_0}{t} = \dfrac{v}{t}$

∴ $m_A \dfrac{v_A}{t} = -m_B \dfrac{v_B}{t}$ 両辺に t をかけて $m_A v_A = -m_B v_B$

∴ $v_B = -v_A \dfrac{m_A}{m_B} = -v_A \dfrac{\frac{W_A}{g}}{\frac{W_B}{g}} = -2 \times \dfrac{650}{1000 - 650} = -3.7$ m/s

解 人と逆向きに3.7 m/sの速度をもつ

5-5 力と円運動

物体の運動経路が円形を描く運動が円運動です。刻々の速さが等しい、等速円運動と力の関係を考えます。

力と向心加速度

1-11節で説明したように、物体が等速円運動を行うには、円軌道上の速度の向きを内側へ向けるための**向心加速度**aが必要です。

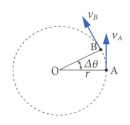

扇形 OAB で、θ を rad 単位とすれば

$$\boxed{円弧の長さ = 円周の長さ \times \frac{扇形の中心角}{円の中心角}}\ \text{なので、}$$

$$\overparen{AB} = 2\pi r \times \frac{\Delta\theta}{2\pi} = r\Delta\theta$$

$\Delta\theta$ が微小なとき、$\overparen{AB} \fallingdotseq \overline{AB}$ ∴ $\overline{AB} = r\Delta\theta$

速度ベクトルだけを取り出して、$v_B - v_A = \Delta v$ をつくると

$\overline{AB} : r = \Delta v : v$ と $\overline{AB} = r\Delta\theta$ から $\Delta v = v\Delta\theta$ …式(1)

$\Delta\theta$ を極めて小さくして軌道上の瞬間速度で考えると、Δv は周速度 v と直角になり、円運動の中心点 O へ向かいます。

Δv をつくりだす加速度を向心加速度 a とします。

- a 向心加速度 [m/s²]
- v 周速度 [m/s]
- ω 角速度 [rad/s]
- r 半径 [m]

$a = \dfrac{\Delta v}{\Delta t}$ に式(1)を代入して

$a = \dfrac{\Delta v}{\Delta t} = \dfrac{v\Delta\theta}{\Delta t}$ 4-11節の式(2) $\omega = \dfrac{\theta}{t}$ から ∴ $a = \boxed{v\omega}$ …式(2)

4-11節の式(3) $v = r\omega$ を式(2)に代入して $a = v\omega = \boxed{r\omega^2}$ …式(3)

$\omega = \dfrac{v}{r}$ を式(2)に代入して $a = v\omega = \boxed{\dfrac{v^2}{r}}$ …式(4)

向心力と遠心力

円運動を行う物体を地上の慣性系から観察すると、物体に向心加速度の向きの力が働き、速度の向きが変えられて、円運動を行っているように考えられます。この力が**向心力**です。

円運動を行う物体の非慣性系では、物体が向心力を受けても円運動の中心へ引き寄せられないのは、向心力と逆向きで同じ大きさの力が働いてつり合っているからだと考えられます。この力が、円運動における慣性力の**遠心力**です。

$$F = ma = mv\omega = mr\omega^2 = m\frac{v^2}{r} \quad \cdots 式(5)$$
$$F' = -F$$

F　向心力 [N]
F'　遠心力 [N]

例題1　半径 $r = 100$ m のカーブを $v = 40$ km/h で走る自動車の向心加速度 a を求めなさい。

考え方と解答例

・式(4)を使って半径と周速度から向心加速度を求める。単位はmと秒。

km/h を m/s へ

$$a = \frac{v^2}{r} = \frac{1}{100} \times \left(40 \times \frac{10^3}{60^2}\right)^2 = 1.2 \text{ m/s}^2$$

解　1.2 m/s²

例題2　糸の先端に質量 $m = 100$ g のおもりを付けて、水平面で半径 $r = 0.5$ m、$n = 100$ rpm の円運動をさせた。糸に発生する張力を求めなさい。

考え方と解答例

・糸の張力は向心力 F。回転数 rpm を ω（または v）に変換して向心力を求める。

4-12節の式(4)　$\omega = 2\pi n$ を $F = mr\omega^2$ に代入する。

$$F = mr\omega^2 = mr(2\pi n)^2 = 4\pi^2 mr \times \left(\frac{n}{60}\right)^2$$
$$= 4 \times \pi^2 \times 0.1 \times 0.5 \times \left(\frac{100}{60}\right)^2 = 5.5 \text{ N}$$

解　5.5 N

例題3 自転車に乗った人が、速度 v で半径 r のカーブを走っている。自転車の鉛直との傾き角 θ を求めなさい。

> **考え方**
> ・人の非慣性系で、人が水平外向きの遠心力 F' を受けると考える。
> ・自転車が路面から受ける抗力 N、重力 mg、遠心力 F' がつり合うと考える。

解答例

人と自転車の合計質量 m、遠心力 F' として、式 (5) より
$$F' = m\frac{v^2}{r}$$

F'、重力 mg、路面からの抗力 N がつり合うとして、
$$\tan\theta = \frac{F'}{mg} = m\frac{v^2}{r}\frac{1}{mg} = \frac{v^2}{rg} \quad \therefore \theta = \tan^{-1}\frac{v^2}{rg}$$

傾き角 θ は、質量に関係しない。
抗力 N は質量が与えられれば、$N = \sqrt{(mg)^2 + F'^2}$

解 $\theta = \tan^{-1}\dfrac{v^2}{rg}$

例題4 ジェットコースターで、鉛直面に沿った直径 $d = 30$ m の宙返りコースの頂点を、安全に通過するのに必要な最低速度 v を求めなさい。

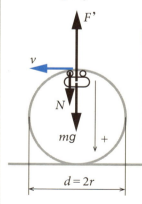

> **考え方**
> ・車体に働く力は、遠心力 F'、重力 mg、レールからの抗力 N の3つ。
> ・重力加速度の向きを正とする。
> ・N は、車体がレールを押し付ける反作用なので、車体をレールに押し付けるには、抗力 N が正でなければならない。

解答例

半径 r、遠心力 F' として、
鉛直方向でのつり合いの式
抗力 N は未知数だから、

$$F' = m\frac{v^2}{r}$$
$$N + mg - F' = N + mg - m\frac{v^2}{r} = 0$$
$$N = m\frac{v^2}{r} - mg$$

抗力 N は正であることが条件なので、

この不等式を考える

$$N = \boxed{m\frac{v^2}{r} - mg > 0} \quad m\frac{v^2}{r} - mg > 0$$

両辺を m で割って $\dfrac{v^2}{r} - g > 0$ ∴ $v > \sqrt{rg} = \sqrt{15 \times 9.8} = 12$ m/s

解 最低速度 12 m/s

例題5 長さ1 mの糸の先端に質量200 gのおもりを付けて回転させた。糸が鉛直と30°の傾きをもつとき、①糸の張力 T、②角速度 ω、③周期 T を求めなさい。

解答例

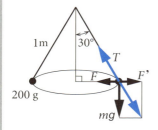

◎考え方
・おもりで、遠心力、張力、重力がつり合う。
・周期 T は、1回転(2π rad)に要する時間。

角速度 ω と　周期 $T = \dfrac{2\pi}{\omega}$

①**張力 T** $\quad \dfrac{mg}{T} = \cos 30° \quad ∴ T = \dfrac{mg}{\cos 30°} = \dfrac{0.2 \times 9.8}{\cos 30°} = \underline{2.3\text{ N}}$

●**遠心力** $\quad \dfrac{F'}{mg} = \tan 30° \quad |F| = |F'|$ だから、$F = mg \tan 30° \quad \cdots$式(1)

②**角速度 ω** $\quad$向心力　5-5節の式(5)　$F = mr\omega^2 \quad ∴ \omega = \sqrt{\dfrac{F}{mr}} \quad \cdots$式(2)

式(1)、(2)から

$$\omega = \sqrt{\dfrac{mg \tan 30°}{mr}} = \sqrt{\dfrac{g \tan 30°}{r}} = \sqrt{\dfrac{9.8 \times \tan 30°}{0.5}} = \underline{3.4\text{ rad/s}}$$

③**周期** $\quad T = \dfrac{2\pi}{\omega} = \dfrac{2\pi}{3.4} = \underline{1.8\text{ 秒}}$

解 張力 T = 2.3 N、角速度 ω = 3.4 rad/s、周期 T = 1.8秒

練習問題　力と円運動

問題 1　総重量 $W = 900$ N の人と自転車が、速度 $v = 15$ km/h で半径 $r = 10$ m のカーブを走っている。①自転車の鉛直との傾き角 θ、②体重 65 kg の人が受ける遠心力 F'、③自転車が路面から受ける抗力 N を求めなさい。

> **◎考え方**
> ・例題3の数値計算。
> ・人に働く遠心力は、人の質量に対して生じる。
> ・自転車には、総重量に対する抗力が働く。

問題 2　長さ 1 m の紐の先端に質量 $m = 200$ g のおもりを付けて、鉛直面に沿って $n = 100$ rpm で回転させた。①最上点、②水平点、③最下点での張力を求めなさい。

> **◎考え方**
> ・考える外力は、遠心力 F'、重力 mg、張力 T。
> ・遠心力は、半径と回転の速さで決まる一定量。
> ・重力は一定量、水平方向には働かない。

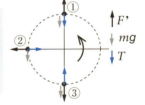

問題 3　道路の曲線部を安全に走行できるように、外側を内側より高くした横断勾配をカントと呼びます。半径 200 m のカーブを速度 70 km/h で走行したとき、タイヤに垂直な力だけが作用するようにするカント θ を度数で求めなさい。

> **◎考え方**
> ・考える外力は、遠心力 F'、重力 mg、路面からの抗力 N。
> ・路面が傾斜していても遠心力は水平。
> ・路面が傾斜していても重力は鉛直。

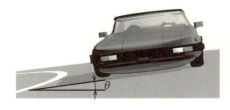

解答1

①**傾き角**　F'、mg、N のつり合いから　$\dfrac{F'}{mg} = m\dfrac{v^2}{r}\dfrac{1}{mg} = \dfrac{v^2}{rg} = \tan\theta$

$$\therefore \theta = \tan^{-1}\dfrac{v^2}{rg} = \tan^{-1}\left(\dfrac{1}{10\times 9.8}\left(15\times\dfrac{10^3}{60^2}\right)^2\right) = \underline{10°}$$

②**人の受ける遠心力**　$F' = m\dfrac{v^2}{r} = \dfrac{65}{10}\left(15\times\dfrac{10^3}{60^2}\right)^2 = \underline{113\text{ N}}$

③**抗力**

全体の遠心力　$F' = m\dfrac{v^2}{r} = \dfrac{W}{g}\dfrac{v^2}{r} = \dfrac{900}{9.8}\times\dfrac{1}{10}\left(15\times\dfrac{10^3}{60^2}\right)^2 = 159\text{ N}$

$N = \sqrt{W^2 + F'^2} = \sqrt{900^2 + 159^2} = \underline{914\text{ N}}$

　　解　傾き角　10°、人の遠心力　159 N、抗力　914 N

解答2

　　　　　　　例題2を利用

遠心力　$F' = mr\omega^2 = 4\pi^2 mr\left(\dfrac{n}{60}\right)^2 = 4\pi^2\times 0.2\times 1\times\left(\dfrac{100}{60}\right)^2 = 22.0\text{ N}$

重力　$mg = 0.2\times 9.8 = 2.0\text{ N}$

①最上点　$-F' + mg + T = 0$　$\therefore T = F' - mg = 22 - 2 = 20\text{ N}$

②水平点　$-F' + T = 0$　$\therefore T = F' = 22\text{ N}$

③最下点　$F' + mg - T = 0$　$\therefore T = F' + mg = 22 + 2 = 24\text{ N}$

　　解　最上点　20 N、水平点　22 N、最下点　24 N

解答3

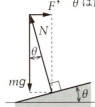

θ は路面と抗力が直角になる角度。解答方法は、問題1①と同じ。

F'、mg、N のつり合いから　$\dfrac{F'}{mg} = m\dfrac{v^2}{r}\dfrac{1}{mg} = \dfrac{v^2}{rg} = \tan\theta$

$$\therefore \theta = \tan^{-1}\dfrac{v^2}{rg} = \tan^{-1}\left(\dfrac{1}{200\times 9.8}\left(70\times\dfrac{10^3}{60^2}\right)^2\right) = 11°$$

　　解　カント　11°

道路や電車の軌道では、カントは　$\dfrac{高さ}{水平距離}$　を%で表します。

$\dfrac{高さ}{水平距離}$　は、$\tan\theta$ ですから、$\dfrac{v^2}{rg}$ がそのまま%表示になります。

$$\text{カント} = \dfrac{v^2}{rg} = \dfrac{1}{200\times 9.8}\left(70\times\dfrac{10^3}{60^2}\right)^2 = 0.19 = \underline{19\text{ \%}}$$

5-6 運動量と力積

平地をゆっくりと進んでいた自転車が、下り坂で速度を増すと自転車の走る勢いが増します。運動する物体の勢いを表す運動量と力積を考えます。

◎ 運動量

質量 m の物体が速度 v で運動するとき、物体は**運動量** mv をもつといいます。運動量は、速度と同じ向きをもつベクトル量で、kg m/s を単位とします。

$$p = mv$$

- m　質量 [kg]
- v　速度 [m/s]
- p　運動量 [kg m/s]

金づちで釘を打ち込むとき、頭部が重く、打ち込む速度が速いほど、釘に与える力の効果が大きくなります。

図●金づちの運動量

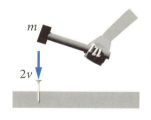
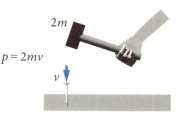

質量と速度の積が等しく、釘に対する運動量は、
$p = 2mv$

◎ 力積と衝撃

物体に外力を作用させると運動が変化します。作用させた外力の大きさ F と時間 t の積 Ft が**力積**で、単位 [N s]（ニュートン秒）で表すベクトル量です。

運動量の単位 [kg m/s] を、[N] = [kg m/s^2] を使って表すと、[N s] になり、力積の単位と等しくなります。

運動量 $p_0 = mv_0$ の物体に、力積 Ft を与えて、運動量が $p = mv$ になった変化を、次のように表します。また、極めて短時間で力積を与えることを**衝撃**と呼びます。

図●運動量の変化と力積

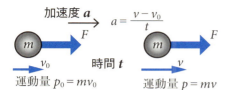

質量 m、速度 v_0 の物体に外力 F が働いて加速度 a が生じ、時間 t 後に速度が v へ変化した。

$ma = F$ … この運動の運動方程式
$m\dfrac{v - v_0}{t} = F$ … 加速度を（速度変化 / 時間）に置き換える
$m(v - v_0) = Ft$ … 左辺を運動量、右辺を力積に変形
$\therefore mv - mv_0 = Ft$ … 運動量の変化は、与えた力積に等しい

例題 人が乗った合計重量 $W = 1300$ N の二輪車が、水平な平坦路で 4 秒間で 10 km/h から 30 km/h になった。必要とされた力 F を求めなさい。

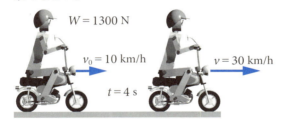

◎考え方
・運動量と力積の関係式を F の式に変形する（実は、式の誘導を逆に戻る）。

解答例

運動量と力積の関係式　$mv - mv_0 = Ft$　から　$m(v - v_0) = Ft$

$$\therefore F = m\dfrac{v - v_0}{t} = \dfrac{W}{g}\dfrac{v - v_0}{t} = \dfrac{1300}{9.8} \times \dfrac{30 - 10}{4} \times \dfrac{10^3}{60^2} = 184 \text{ N}$$

解　184 N

気が付きましたか？　この例題と解答は、5-1 節の例題 3 の①とまったく同じです。つまり、運動量と力積の考え方は、運動方程式や力の定義式を、見方を変えて考えているともいえるのです。

練習問題　運動量と力積

運動量と力積は、ベクトルです。質量 m の物体の運動に正負の符号を決めて、次の問題を考えましょう。

問題1　頭部の質量 $m = 200$ g の鉄製ハンマで、1 m/s の速度でアルミニウムのブロックを叩いたとき、頭部がブロックにあたってから停止するまでの衝撃時間 $t = 0.4$ ms が測定された。ブロックに与えた衝撃力 F を求めなさい。

> **考え方**
> ・頭部は、反作用としてブロックから逆向きの力積を受けて停止する。

問題2　50 km/h で走る総重量 $W = 10$ kN の自動車が $t = 4$ 秒間ブレーキ操作をして 30 km/h になった。作用した力 F を求めなさい。

> **考え方**
> ・速度を m/s として、前ページ例題の逆で減速運動として考えます。

問題3　質量 $m = 5$ kg の物体が地上 $h = 15$ m の高さから地表に落ちた。衝撃時間 $t = 0.2$ 秒として、地面の受けた力 F を求めなさい。

> **考え方**
> ・自由落下として、高さ 15 m から地表に達したときの速度 v を求める。

問題4　質量 $m = 56$ g のテニスボールが 12 m/s で壁にあたって 8 m/s ではね返った。速度は壁に垂直、ボールが壁にあたってからはね返るまでの時間 $t = 0.1$ 秒として、壁の受けた力 F を求めなさい。

> **考え方**
> ・運動の前後で速度の向きが異なる。

解答1

$mv - mv_0 = Ft$ から $m(v - v_0) = Ft$ ∴ $F = m\dfrac{v - v_0}{t}$

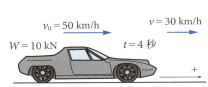

$v_0 = 1$ m/s
$t = 0.4$ ms
$v = 0$
$m = 200$ g

$= 0.2 \times \dfrac{0 - 1}{0.4 \times 10^{-3}}$

$= -500$ N ↑ ms を s に換算

－は、頭部がブロックから受けた反力

解 500 N

解答2

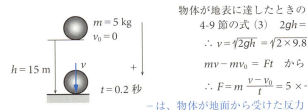

$v_0 = 50$ km/h, $v = 30$ km/h
$W = 10$ kN, $t = 4$ 秒

$mv - mv_0 = Ft$ から $m(v - v_0) = Ft$

∴ $F = m\dfrac{v - v_0}{t} = \dfrac{W}{g}\dfrac{v - v_0}{t}$

kN を N へ

$= \dfrac{10 \times 10^3}{9.8} \times \dfrac{30 - 50}{4} \times \dfrac{10^3}{60^2}$

$= -1417$ N

解 運動と逆向きに 1417 N

解答3

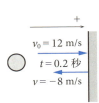

$m = 5$ kg, $v_0 = 0$
$h = 15$ m, $t = 0.2$ 秒

物体が地表に達したときの速度 v を求める。

4-9 節の式 (3) $2gh = v^2 - v_0^2$

∴ $v = \sqrt{2gh} = \sqrt{2 \times 9.8 \times 15} = 17$ m/s

$mv - mv_0 = Ft$ から $m(v - v_0) = Ft$

∴ $F = m\dfrac{v - v_0}{t} = 5 \times \dfrac{0 - 17}{0.2} = -425$ N

－は、物体が地面から受けた反力

解 425 N

解答4

$v_0 = 12$ m/s
$t = 0.2$ 秒
$v = -8$ m/s

$mv - mv_0 = Ft$ から $m(v - v_0) = Ft$

∴ $F = m\dfrac{v - v_0}{t}$ ↓はね返り、v は －

$= 56 \times 10^{-3} \times \dfrac{-8 - 12}{0.1}$

g を kg に換算 ↑

$= -11.2$ N

－は、ボールが壁から受けた反力

解 11.2 N

5-7 運動量保存の法則

「閉じた系で、相互に力を及ぼしあう複数の物体の運動量がそれぞれに変化しても、系の運動量の総和は変化しない」ことを**運動量保存の法則**といいます。

運動量保存の法則

外部から力が作用しない、または、力が作用しても力の総和がゼロの環境が閉じた系です。閉じた系における、物体AとBの次の運動を考えます。

「質量m_A、速度v_Aの物体Aと質量m_B、速度v_Bの物体Bが一直線上に運動している。AがBに衝突し、衝突後の速度がそれぞれv_A'、v_B'に変化した」

これを次のように考えます。

- 物体AとB、それぞれについて、運動量の変化の式(1)、(2)をつくる。
- 式を整理して、左辺を衝突前、右辺を衝突後とした式(3)をつくる。

すると、式(3)は、

相互に力を及ぼしあう物体A、Bの運動量がそれぞれに変化しても、系の運動量の総和は変化しない、という運動量保存の法則を表す式となります。

図●運動量保存の法則

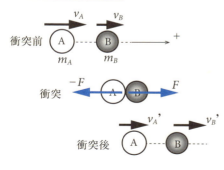

物体Aの運動量の変化
$m_A v_A - m_A v_A' = -Ft$ … 式(1)

物体Bの運動量の変化
$m_B v_B - m_B v_B' = Ft$ … 式(2)

式(2)を式(1)へ代入して
$m_A v_A - m_A v_A' = -(m_B v_B - m_B v_B')$

左辺を衝突前、右辺を衝突後とする
$\boxed{m_A v_A + m_B v_B = m_A v_A' + m_B v_B'}$ … 式(3)

例題1 「5-4　作用・反作用」の練習問題3を運動量保存の法則から考えなさい。

静かな湖水で停止している総重量1000 Nのボートから、体重 $W_A = 650$ N の人が $v_A' = 2$ m/s で飛び込んだ。ボートの運動を答えなさい。

◎ 考え方
・運動量保存の式を変形する。

$W_B = (1000 - 650)$ N　　$v_A' = 2$ m/s　$W_A = 650$ N

解答例

運動量保存の式は、　$m_A v_A + m_B v_B = m_A v_A' + m_B v_B'$

$v_A = 0$、$v_B = 0$ だから　$0 = m_A v_A' + m_B v_B'$

$\therefore v_B' = -v_A' \dfrac{m_A}{m_B} = -v_A' \dfrac{\frac{W_A}{g}}{\frac{W_B}{g}} = -2 \times \dfrac{650}{1000 - 650} = -3.7$ m/s

↑（作用・反作用　練習問題3）と同じ

解　人と逆向きに3.7 m/sの速度をもつ

例題2 「5-4　作用・反作用」の例題1を運動量保存の法則から考えなさい。

質量 $m_A = 3$ kg、速度 $v_A = 2$ m/s の鉄球Aが、質量 $m_B = 2$ kg の静止している鉄球Bに衝突して、衝突後のAの速度 $v_A' = 0.4$ m/s になった。運動を邪魔するものはなく、一直線上で行われるとして、Bの速度 v_B' を求めなさい。

$v_A = 2$ m/s　　　　　　$v_A' = 0.4$ m/s　　v_B'
　　　　$v_B = 0$
Ⓐ Ⓑ　　　　　　　　Ⓐ　　Ⓑ
$m_A = 3$ kg　$m_B = 2$ kg　　　　　+

◎ 考え方
・Aが初速度をもち、Bは初速度ゼロ。運動量保存の式から v_B' を求める。

解答例

運動量保存の式　$m_A v_A + m_B v_B = m_A v_A' + m_B v_B'$ から　$m_A v_A = m_A v_A' + m_B v_B'$

$m_B v_B' = m_A (v_A - v_A')$　$\therefore v_B' = \dfrac{m_A}{m_B}(v_A - v_A') = \dfrac{3}{2} \times (2 - 0.4) = 2.4$ m/s

解　2.4 m/s

5-8 반発係数と衝突

ビリヤードやバットによる打撃など、物体の衝突には、いろいろなはね返り方があります。はね返りの度合いを示す反発係数と衝突について考えます。

反発係数

閉じた系で、物体AとBが衝突するとき、衝突後の相対速度を衝突前の相対速度で割った値を**反発係数**または、**はね返り係数**と呼びます。

相対速度 $v_A - v_B$ と $v_A{}' - v_B{}'$ は、物体Bから見たAの速度を表すので、この値が正のとき、AがBに近づき、負のときBがAから遠ざかります。

反発係数1の衝突を**完全弾性衝突**と呼びます。完全弾性衝突で、2つの物体の質量が等しいとき、速度が入れ替わる、**速度交換**が行われます。

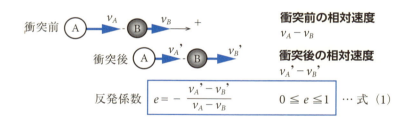

衝突前の相対速度
$v_A - v_B$

衝突後の相対速度
$v_A{}' - v_B{}'$

反発係数 $\boxed{e = -\dfrac{v_A{}' - v_B{}'}{v_A - v_B} \quad 0 \leqq e \leqq 1}$ … 式(1)

$e < 1$: $v_A - v_B = 5$ m/s, $v_A{}' - v_B{}' = -3$ m/s, $e = -\dfrac{-3}{5} = 0.6$

$e = 1$ **完全弾性衝突** : $v_A - v_B = 5$ m/s, $v_A{}' - v_B{}' = -5$ m/s, $e = -\dfrac{-5}{5} = 1$

$e = 0$ **完全非弾性衝突** : $v_A - v_B = 5$ m/s, $v_A{}' - v_B{}' = 0$, $e = -\dfrac{0}{5} = 0$

反発係数ゼロの衝突を**完全非弾性衝突**または、**融合**と呼び、衝突後に一体となります。

物体を高さhから自由落下させて、はね返り高さh'のとき、次のように高さの比から反発係数を表すことができます。

図●自由落下の高さと反発係数

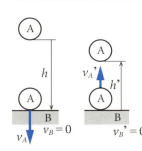

4-9節の式（3）から、$v_A = \sqrt{2gh}$ 、$v_A' = \sqrt{2gh'}$

Bは静止しているので、 $v_B = 0$、$v_B' = 0$

それぞれを式（1）へ代入して、

$$e = -\frac{v_A' - v_B'}{v_A - v_B} = -\frac{-\sqrt{2gh'} - 0}{\sqrt{2gh} - 0}$$

$$= \boxed{\sqrt{\frac{h'}{h}}} \quad \cdots 式（2）$$

衝突後の速度

物体AとBの衝突が閉じた系で行われるとき、反発係数と運動量保存の式が同時に成り立つので、衝突後の速度を次のように求めることができます。

反発係数の式 $e = -\dfrac{v_A' - v_B'}{v_A - v_B}$ から

$$v_A' - v_B' = -e(v_A - v_B) \quad \therefore v_B' = v_A' + e(v_A - v_B)$$

v_B'を運動量保存の式 $m_A v_A + m_B v_B = m_A v_A' + m_B v_B'$ に代入して、v_B'を消去する。

$m_A v_A + m_B v_B = m_A v_A' + m_B(v_A' + e(v_A - v_B))$ 　←未知数v_A'を左辺へ移項する

$\qquad\qquad\qquad = \boxed{m_A v_A' + m_B v_A'} + m_B e(v_A - v_B)$

$v_A'(m_A + m_B) = m_A v_A + m_B v_B - m_B e(v_A - v_B) + (m_B v_A - m_B v_A)$ 　←v_A、m_Bの同類項を
$\qquad\qquad\quad\; = v_A(m_A + m_B) - m_B(v_A - v_B) - m_B e(v_A - v_B)$ 　　つくるための操作
$\qquad\qquad\quad\; = v_A(m_A + m_B) - m_B(v_A - v_B)(1 + e)$

$$\therefore \boxed{v_A' = v_A - \frac{m_B(v_A - v_B)(1 + e)}{m_A + m_B}} \quad \cdots 式（3）$$

v_B'も同様にして $\therefore \boxed{v_B' = v_B + \frac{m_A(v_A - v_B)(1 + e)}{m_A + m_B}} \quad \cdots 式（4）$

例題 1 質量 $m_A = 3$ kg、速度 $v_A = 2$ m/s の鉄球 A が、質量 $m_B = 2$ kg の静止している鉄球 B に衝突して、衝突後の A の速度は $v_A' = 0.7$ m/s になった。運動は一直線上で行われるとして、①反発係数 e、②衝突後の B の速度 v_B' を求めなさい。

● 考え方 1
式 (3) から反発係数を求めてから、B の速度 v_B' を求める。

● 考え方 2
運動量保存の法則式から v_B' を求め、式 (1) から反発係数を求める。

解答例 1

①反発係数 e を求める。

式 (3) $v_A' = v_A - \dfrac{m_B(v_A - v_B)(1+e)}{m_A + m_B}$ から $1 + e = (v_A - v_A')\dfrac{m_A + m_B}{m_B(v_A - v_B)}$

$\therefore e = (v_A - v_A')\dfrac{m_A + m_B}{m_B(v_A - v_B)} - 1 = (2 - 0.7)\dfrac{3+2}{2\times(2-0)} - 1 = \underline{0.63}$

②速度 v_B' を求める。

式 (4) $v_B' = v_B + \dfrac{m_A(v_A - v_B)(1+e)}{m_A + m_B} = 0 + \dfrac{3\times(2-0)(1+0.63)}{3+2} = \underline{1.96 \text{ m/s}}$

<u>解　$e = 0.63$、$v_B' = 1.96$ m/s</u>

解答例 2

①速度 v_B' を求める。

運動量保存則の式 $m_A v_A + m_B v_B = m_A v_A' + m_B v_B'$ から $v_B' = \dfrac{m_A v_A + m_B v_B - m_A v_A'}{m_B}$

$\therefore v_B' = \dfrac{m_A(v_A - v_A') + m_B v_B}{m_B} = \dfrac{3\times(2-0.7) + 2\times 0}{2} = \underline{1.95 \text{ m/s}}$

②反発係数 e を求める。

式 (1) $e = -\dfrac{v_A' - v_B'}{v_A - v_B} = -\dfrac{0.7 - 1.95}{2 - 0} = \underline{0.63}$

例題2 質量 $m_A = 2$ kg、速度 $v_A = 6$ m/s の球Aが質量 $m_B = 3$ kg、速度 v_B の球Bに衝突して止まった。反発係数 $e = 0.7$ として、Bの衝突前の速度 v_B、衝突後の速度 v_B' を求めなさい。

$v_A = 6$ m/s　　v_B　　　　　　　$v_A' = 0$　　v_B'
　-A-　　　　-B-　　　$e = 0.7$　　-A-　　　-B-
$m_A = 2$ kg　$m_B = 3$ kg　　　　　　　　＋

◎ 考え方
- 反発係数の式と運動量保存則の式から v_B' を消去して v_B を求める。
- 求めた v_B と反発係数の式から v_B' を求める。

解答例

● 反発係数を求める。

反発係数の式　$e = -\dfrac{v_A' - v_B'}{v_A - v_B}$　から　$v_A' - v_B' = -e(v_A - v_B)$

$$\therefore v_B' = v_A' + e(v_A - v_B) \quad \cdots 式(1)$$

● v_B を求める。

運動量保存則の式　$m_A v_A + m_B v_B = m_A v_A' + m_B v_B'$ へ上式 (1) と $v_A' = 0$ を代入して式を整理する。　　0代入でこれらの項は消える

$m_A v_A + m_B v_B = m_A \boxed{v_A'} + m_B (\boxed{v_A'} + e(v_A - v_B)) = m_B e(v_A - v_B) = m_B e v_A - m_B e v_B$

v_B を含む項を左辺へまとめ、v_B を求める。

$m_B v_B + m_B e v_B = m_B e v_A - m_A v_A v_B$　から　$(m_B + m_B e) = m_B e v_A - m_A v_A$

$$\therefore v_B = \dfrac{v_A(m_B e - m_A)}{m_B + m_B e} = \dfrac{6 \times (3 \times 0.7 - 2)}{3 + 3 \times 0.7} = \underline{0.12 \text{ m/s}}$$

● v_B' を求める。

式 (1) へ $v_B = 0.12$ m/s を代入する。

$$\therefore v_B' = v_A' + e(v_A - v_B) = e(v_A - v_B) = 0.7 \times (6 - 0.12) = \underline{4.1 \text{ m/s}}$$

解　$v_B = 0.12$ m/s、$v_B' = 4.1$ m/s

例題3 質量 $m_A = 1$ kg の球Aと質量 $m_B = 0.1$ kg の球Bが、微小な間隔でAを下にして重なり、速度 $v_A = v_B = 2$ m/s で床Cに落下した。床と球Aとの反発係数 $e_{AC} = 0.8$、球AとBの反発係数 $e_{AB} = 0.9$ として、球Bが球Aと衝突した後のはね返り高さ h を求めなさい。

> **考え方**
> ① AがCに衝突して、Aが上向きの速度をもつ。
> ② AとBが衝突して、Bが上向きの速度をもつ。
> ③ Bの鉛直投げ上げ運動として h を求める。

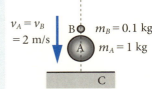

解答例

鉛直上向きを正とする。

① 床Cに衝突した球Aのはね返り速度 $v_A{'}$ を求める。

$v_A = -2$ m/s
$m_A = 1$ kg
$e_{AC} = 0.8$

式 (1) から $e_{AC} = -\dfrac{v_A{'} - v_C{'}}{v_A - v_C}$

$v_A{'} - v_C{'} = -e_{AC}(v_A - v_C)$

∴ $v_A{'} = v_C{'} - e_{AC}(v_A - v_C)$ 　床は静止で、$v_C = v_C{'} = 0$

$= 0 - 0.8 \times (-2 - 0) = 1.6$ m/s

② はね返った球Aと球Bの衝突から、Bのはね返り速度 $v_B{'}$ を求める。

$v_B = -2$ m/s
$m_B = 0.1$ kg
$e_{AB} = 0.9$
$v_A{'} = 1.6$ m/s
$m_A = 1$ kg

式 (4) $v_B{'} = v_B + \dfrac{m_A(v_A{'} - v_B)(1 + e_{AB})}{m_A + m_B}$

$= -2 + \dfrac{1 \times (1.6 - (-2))(1 + 0.9)}{1 + 0.1}$

$= 4.2$ m/s

③ 球Bのはね上がり高さを、初速度 $v_B{'}$ で投げ上げたBの到達高さとして求める。

4-9節の式 (3) から、$2gh = v_B{'}^2$ 　∴ $h = \dfrac{v_B{'}^2}{2g} = \dfrac{4.2^2}{2 \times 9.8} = 0.9$ m

解　球Aと衝突後　0.9 m

例題4 1 m の高さから床Bに落とした物体Aが、0.4 m の高さにはね返った。次に、この物体を高さ $h = 2$ m から 5 m/s の速度で同じ床に鉛直に投げ下ろしたときのはね返り高さ h' を求めなさい。

✪ 考え方
① はじめの自由落下から反発係数を求める。
② 投げ下ろしの衝突速度からはね返り高さを求める。
②' 別解　投げ下ろし初速度を高さに換算して、はね上がり高さを求める。

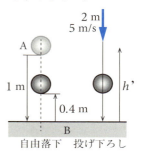

自由落下　投げ下ろし

解答例

①自由落下から床と物体の反発係数 e を求める。

$$式 (2) \quad e = \sqrt{\frac{h'}{h}} = \sqrt{\frac{0.4}{1}} = 0.63$$

②高さ $h = 2$ m からの鉛直投げ下ろしの終速度 v を求める。

4-9節の式 (3) $\quad 2gh = v^2 - v_0^2 \quad \therefore v = \sqrt{2gh + v_0^2}$

床Bは静止しているので $\quad = \sqrt{2 \times 9.8 \times 2 + 5^2} = 8.0$ m/s

式 (1) から $\quad e = -\dfrac{v_A' - v_B'}{v_A - v_B} = -\dfrac{v_A'}{v_A} = -\dfrac{-\sqrt{2gh'}}{v_A}$

$$\therefore 2gh' = (ev_A)^2 \quad \therefore h' = \frac{(ev_A)^2}{2g} = \frac{(0.63 \times 8)^2}{2 \times 9.8} = \underline{1.3 \text{ m}}$$

②' 別解　同じ速度で投げ上げた最高点からの自由落下と等しいとする。

4-9節の式 (3) $\quad 2gs = v^2 - v_0^2 \quad \therefore s = \dfrac{v_0^2}{2g} = \dfrac{5^2}{2 \times 9.8} = 1.28$ m

$h = 2$ m $+ 1.28$ m $= 3.28$ m から自由落下させると等しいと考える。

式 (1) $\quad e = \sqrt{\dfrac{h'}{h}} \quad \therefore h' = e^2 h = 0.63^2 \times \boxed{3.28} = \underline{1.3 \ m}$

解　1.3 m

| 練習問題 | 運動量保存の法則と衝突 |

問題1 ボールAが速度5 m/sで固定壁Bにあたり、4 m/sではね返った。このときの反発係数eを求めなさい。

● 考え方
・ボールは、変化の前後で速度が反転する。

問題2 物体を$h = 30$ cmの高さから床に落とした。物体と床の反発係数$e = 0.8$として、はね返り高さh'を求めなさい。

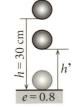

● 考え方
・反発係数と高さの関係を考える。

問題3 質量$m_A = 1$ kg、速度$v_A = 3$ m/sの物体Aと、質量$m_B = 1$ kg、速度$v_B = 2$ m/sの物体Bが直線上で衝突をした。反発係数$e = 1$として、衝突後の物体Aの速度v_A'と物体Bの速度v_B'を求めなさい。

速度交換

● 考え方
・反発係数$e = 1$で質量の等しい衝突は、速度交換。

問題4 質量$m_A = 2$ kg、速度$v_A = 3$ m/sの物体Aと、質量$m_B = 3$ kg、速度$v_B = 2$ m/sの物体Bが直線上で衝突をした。反発係数$e = 0$として、衝突後の物体Aの速度v_A'と物体Bの速度v_B'を求めなさい。

衝突後は一体

● 考え方
・反発係数$e = 0$の衝突は、融合。

問題5 バットでボールを打ち返した。バットの質量$m_A = 0.9$ kg、速度$v_A = 20$ m/s、ボールの質量$m_B = 0.14$ kg、速度$v_B = 16$ m/s、反発係数$e = 0.4$として、打撃後のバットの速度v_A'、ボールの速度v_B'を求めなさい。

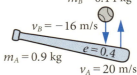

● 考え方
・バットの運動の運動の向きを正とする。

解答 1

式 (1)　　↓ボールのはね返り後の速度を負とする

$$e = -\frac{v_A' - v_B'}{v_A - v_B} = -\frac{-4-0}{5-0} = 0.8$$

↑壁は静止

解　0.8

解答 2

式 (2)　　↓長さは cm のままで可

$$e = \sqrt{\frac{h'}{h}} \quad \therefore h' = e^2 h = 0.8^2 \times 30 = 19.2 \text{ cm}$$

解　19.2 cm

解答 3

物体 A と B の速度が交換される

式 (3) $\quad v_A' = v_A - \dfrac{m_B(v_A - v_B)(1+e)}{m_A + m_B} = 3 - \dfrac{1 \times (3-2)(1+1)}{1+1} = 2$ m/s ←

式 (4) $\quad v_B' = v_B + \dfrac{m_A(v_A - v_B)(1+e)}{m_A + m_B} = 2 + \dfrac{1 \times (3-2)(1+1)}{1+1} = 3$ m/s ←

解　v_A' = 2 m/s、v_B' = 3 m/s

解答 4

融合は同じ速度。どちらか一方だけの計算で可

式 (3) $\quad v_A' = v_A - \dfrac{m_B(v_A - v_B)(1+e)}{m_A + m_B} = 3 - \dfrac{3 \times (3-2)(1+0)}{2+3} = 2.4$ m/s ←

式 (4) $\quad v_B' = v_B + \dfrac{m_A(v_A - v_B)(1+e)}{m_A + m_B} = 2 + \dfrac{2 \times (3-2)(1+0)}{2+3} = 2.4$ m/s ←

融合は、一体と考え、合計質量↓

別解　運動量保存の法則から　$m_A v_A + m_B v_B = (m_A + m_B) v'$

$$\therefore v' = \frac{m_A v_A + m_B v_B}{m_A + m_B} = \frac{2 \times 3 + 3 \times 2}{2+3} = 2.4 \text{ m/s}$$

解　2.4 m/s

解答 5

式 (3) $\quad v_A' = v_A - \dfrac{m_B(v_A - v_B)(1+e)}{m_A + m_B} = 20 - \dfrac{0.14 \times (20 - (-16))(1+0.4)}{0.9 + 0.14} = 13.2$ m/s

式 (4) $\quad v_B' = v_B + \dfrac{m_A(v_A - v_B)(1+e)}{m_A + m_B} = -16 + \dfrac{0.9 \times (20 - (-16))(1+0.4)}{0.9 + 0.14} = 27.6$ m/s

向かってくるボールの速度は負↑

解　v_A' = 13.2 m/s、v_B' = 27.6 m/s

5-9 摩擦力

　接触する物体が、相対的な変位をもつ運動をするとき、それぞれの物体の接触面で運動と逆向きに働き、運動を妨げる作用・反作用を**摩擦力**と呼びます。

◎ すべり摩擦ところがり摩擦

　物体の接触面に相対速度のある運動をすべり、相対速度がゼロで相対的な変位をもつ運動を**ころがり**と呼びます。

　床の上で荷物をすべらせたとき、床と荷物の接触面に発生する抵抗力を**すべり摩擦力**と呼びます。荷物を載せた台車を移動させるとき、床と台車のタイヤの接触面に発生する抵抗力を**ころがり摩擦力**と呼びます。

　台車を利用して、小さな力で荷物を移動できるのは、ころがり摩擦力がすべり摩擦力よりも小さいためです。

　摩擦力は2つの物体A、Bの相互作用ですが、物体Aの運動を観察するとき、物体Aに働く摩擦力だけに着目し、Bに働く摩擦力は考えません。

図●すべり摩擦ところがり摩擦

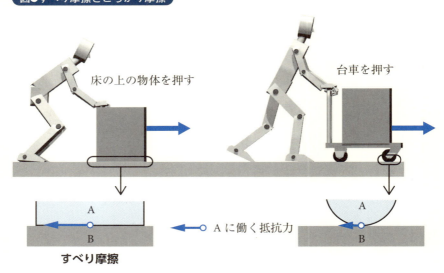

🔵 静摩擦力と動摩擦力

重量Wの物体を載せた板の一端Oをすべらないようにして、他端Aを徐々に持ち上げ、板と水平との傾角θを大きくしていくと、どこかで物体がすべりだします。このとき、板と物体の接触面で、物体の運動を妨げるように物体に働くすべり摩擦力fは、次のように変化します。

物体をすべらせる力は、物体の重量Wの斜面に平行な分力$P = W \sin \theta$です。$\sin \theta$の値は、θが大きくなると1に近づくように増加するので、板を持ち上げてθを大きくなると、すべらせる力Pが大きくなります。

① θが小さく、分力Pが小さいとき、$f = P$で物体は静止しています。このときの摩擦力fを**静摩擦力**または、**静止摩擦力**と呼びます。

② θを増して、θ_0になり、物体がすべりだす瞬間の摩擦力f_0を物体と板の接触面に働く最大の値をもつ**最大静摩擦力**または、**最大静止摩擦力**と呼びます。

③ 物体が運動を始めると、摩擦力は最大静摩擦力より小さくなります。運動中の摩擦力f'を**動摩擦力**と呼びます。

図●静摩擦力と動摩擦力

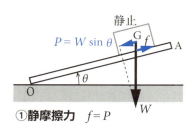

①**静摩擦力** $f = P$

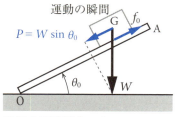

②**最大静摩擦力** $f_0 = P$

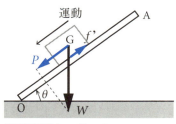

③**動摩擦力** $f' < P$

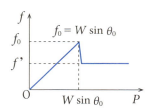

動摩擦力f'は、最大静摩擦力f_0よりも小さい

5-10 すべり摩擦

すべり摩擦力の大きさは、物体の接触面に垂直に働く力と接触面のすべりの度合いを示す比例定数の積によって決まります。

◎ 摩擦力の大きさ

水平な床に置いた重量 W、質量 m の物体と水平に与えた力 F、物体に働く摩擦力 f との関係を次のように表します。

物体が床に与える力のつり合いを中心とした機械力学と、物体に集まる力の運動方程式を基本とする物理の力学との違いで、見方が異なります。

図●摩擦力の大きさ

①おもに機械力学で使われる表現

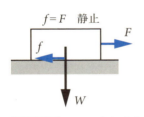

$f = \mu_0 W$

- W 床を垂直に押す力 [N]
- μ_0 静摩擦係数
- f 静摩擦力 [N]

②物理の力学で使う表現

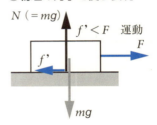

$f' = \mu N$

- N 床からの垂直抗力 [N]
- μ 動摩擦係数
- f' 動摩擦力 [N]

どちらの式も力 F を含みません。つまり、摩擦力は、運動を与える力の大きさに関係せず、運動と逆向きに働き、接触面に垂直な力の大きさに比例します。その比例定数を**摩擦係数**と呼びます。

物体が運動を与える力 F を受けて静止しているとき、常に $f = F$ で摩擦力 f が力 F を超えることはなく、$f < F$ のとき、物体は力 F の向きへ運動します。

摩擦係数と摩擦角

水平傾角 θ の板に載せた重量 W の物体の運動は、W を板に平行な分力 P と板に垂直な分力 R に分解して考えます。すると、P は物体に運動を与える力、R は接触面を垂直に押し、摩擦力 f を生む力になります。

最大静摩擦力 f_0 となる傾角 θ_0 で、P、R、f_0 は次のようになります。

図●最大静摩擦力

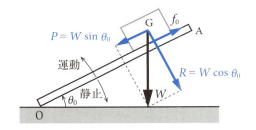

運動を与える力 P
$$P = W \sin \theta_0$$

摩擦力を生む力 R
$$R = W \cos \theta_0$$

最大静摩擦力 f_0
$$f_0 = \mu_0 R = \mu_0 W \cos \theta_0$$

すべりだす瞬間で、最大静摩擦力 f_0 と運動を与える力 P が等しいとして、

$$f_0 = P \quad \text{から} \quad \mu_0 W \cos \theta_0 = W \sin \theta_0 \quad \therefore \mu_0 = \tan \theta_0$$

$$\therefore \mu_0 = \frac{W \sin \theta_0}{W \cos \theta_0} = \frac{\sin \theta_0}{\cos \theta_0} = \tan \theta_0$$

μ_0　静摩擦係数
θ_0　摩擦角

μ_0 を静摩擦係数、θ_0 を**摩擦角**と呼びます。

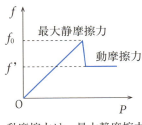

動摩擦力は、最大静摩擦力よりも小さい。

同様にして、すべり始めた物体が運動している場合、

$$f' = \mu R$$
$$\mu = \tan \theta$$

f'　動摩擦力 [N]
μ　動摩擦係数

と表すことができます。

すべり落ちる物体が等速度運動するとき、θ を**動摩擦角**と呼ぶこともあります。

例題1 傾角 $\theta_1 = 30°$ の斜面に置かれた重量 $W_1 = 300$ N の物体1と、逆の傾角 $\theta_2 = 60°$ の斜面に置かれた重量 W_2 の物体2をロープでつないである。物体1と斜面の静摩擦係数 $\mu_0 = 0.2$、物体2と斜面の摩擦はなく、ロープなどの抵抗もないものとして、物体1が引き上げられる最小の重量 W_2 を求めなさい。

★考え方
・物体1の斜面に平行な分力と物体1の摩擦力の和が物体2の斜面に平行な分力とつり合う。

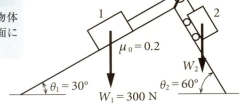

解答例

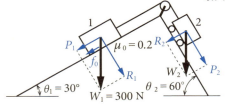

斜面に平行な分力 P、斜面に垂直な分力 R
最大静摩擦力 f_0

$P_1 = W_1 \sin \theta_1$
$R_1 = W_1 \cos \theta_1$
$f_0 = \mu_0 R_1 = \mu_0 W_1 \cos \theta_1$
$P_2 = W_2 \sin \theta_2$
($R_2 = W_2 \cos \theta_2$　不要)
　　　　　摩擦がないので↑

左下向きの力↓　　↓右下向きの力
力のつり合い　$P_1 + f_0 = P_2$　から　$W_1 \sin \theta_1 + \mu_0 W_1 \cos \theta_1 = W_2 \sin \theta_2$

$\therefore W_2 = \dfrac{W_1 \sin \theta_1 + \mu_0 W_1 \cos \theta_1}{\sin \theta_2} = \dfrac{300 \sin 30° + 0.2 \times 300 \cos 30°}{\sin 60°}$
$= 233$ N

解　233 N

● 垂直抗力 N では

物体1に生じる最大静摩擦力 f_0 を物体1が受ける垂直抗力から考えても、f_0 の向きと大きさは同じです。

$N_1 = W_1 \cos \theta_1$
$f_0 = \mu_0 N_1 = \mu_0 W_1 \cos \theta_1$

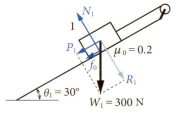

例題2 底面の縦横 0.6 m × 0.6 m、高さ $h = 1.2$ m、重量 $W = 800$ N の木箱が床に置いてある。ほんのわずかだけ、すべらせて押したい。あまり高い位置を押すと木箱がつっかかってしまいそうである。重心は箱の中心にあり、床との静摩擦係数 $\mu_0 = 0.3$ として、①移動させるのに必要な最小の力 F、②すべらせて動かすことのできる限界高さ y を求めなさい。

> **○ 考え方**
> ・F は最大静摩擦力を超える力を求める。
> ・つっかかるのは、力のモーメントのつり合いが成立しなくなるとき。

解答例

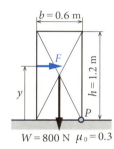

$W = 800$ N $\mu_0 = 0.3$
反時計回りを正とする↑

①力 F を求める。

F は、最大静摩擦力 f_0 を超えればいいので、
$$F = f_0 = \mu_0 W = 0.3 \times 800 = 240 \text{ N}$$

②高さ y を求める。

つっかかる箇所は点 P だから、点 P を中心とした力のモーメントのつり合いを考える。

$$W\frac{b}{2} - Fy = 0 \quad \therefore \quad y = \frac{Wb}{2F} = \frac{800 \times 0.6}{2 \times 240} = 1 \text{ m}$$

解 ①240 N、②1 m

高さ y について、次のように考えてみましょう。

【1】 y の算出式に $F = f_0 = \mu_0 W$ を代入すると $y = \dfrac{Wb}{2F} = \dfrac{Wb}{2\mu_0 W} = \dfrac{b}{2\mu_0}$

力 F と重量 W に関係なく幅 b と静摩擦係数 μ_0 で高さが決まります。条件を代入すると、 $\dfrac{b}{2\mu_0} = \dfrac{0.6}{2 \times 0.3} = 1$ m

【2】 力強く 350 N で押すとどうでしょう。 $y = \dfrac{Wb}{2F} = \dfrac{800 \times 0.6}{2 \times 350} = 0.69$ m

つまり、最小限の力ならば、位置が高く、大きな力では位置が低い。
物体の大きさに関係しないので、机の上で検証することをお勧めします。

例題3 傾角 $\theta = 20°$ の斜面で、高さ10 mの位置から重量500 Nの物体がすべり落ちてくる。動摩擦係数 $\mu = 0.1$ として、①最下点での速度 v、②最下点に達するまでの時間 t を求めなさい。

> **考え方**
> ・物体の重量から斜面に平行分力、垂直分力をつくる。
> ・運動の向きを正として運動方程式をつくり、物体の加速度を求める。
> ・等加速度運動として、終速度 v、時間 t を求める。

解答例

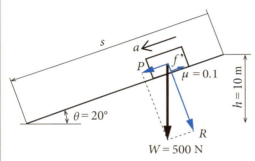

$P = W \sin \theta$
$R = W \cos \theta$
$f' = \mu R = \mu W \cos \theta$
$\dfrac{h}{s} = \sin \theta$
$\therefore s = h \dfrac{1}{\sin \theta} = \dfrac{10}{\sin 20°}$
$= 29.2$ m

物体の運動の向きを正として運動方程式をつくり、加速度 a を求める。

$\dfrac{W}{g} a = P - f'$ ←（左辺）物体の運動 ＝（右辺）物体に働く外力の総和
　　　　　　　　　　　　　動摩擦力は物体の運動と逆向き
$\quad = W \sin \theta - \mu W \cos \theta$

$\therefore \dfrac{a}{g} = \sin \theta - \mu \cos \theta$

$\therefore a = g (\sin \theta - \mu \cos \theta)$ ←物体の重量は関係しない

$\quad = 9.8 (\sin 20° - 0.1 \times \cos 20°) = 2.4$ m/s²

等加速度運動として、加速度 a と変位 s から終速度 v、時間 t を求める。

4-7節の式（4）から $v = \sqrt{2as} = \sqrt{2 \times 2.4 \times 29.2} = 11.8$ m/s

4-7節の式（2）から $t = \dfrac{v}{a} = \dfrac{11.8}{2.4} = 4.9$ 秒

解 ①11.8 m/s、 ②4.9 秒

例題4

長さ $L = 5$ m、重量 $W_1 = 100$ N のはしごが $\theta = 60°$ で壁に立てかけてある。体重 $m = 70$ kg の人が、このはしごを上るとき、はしごがすべらずに安全に進める距離 s を求めなさい。床とはしごの静摩擦係数 $\mu_A = 0.4$、壁とはしごの静摩擦係数 $\mu_B = 0.3$ とする。

✪ 考え方
- 壁と床の垂直抗力、最大静摩擦力を設定して、力のつり合いをつくる。
- すべるときは、力のモーメントのつり合いが成立しなくなるとき。

解答例

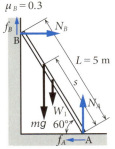

$\mu_B = 0.3$
$L = 5$ m
$W_1 = 100$ N $\mu_A = 0.4$
$m = 70$ kg

点 A の垂直抗力 N_A、最大静摩擦力 f_A
点 B の垂直抗力 N_B、最大静摩擦力 f_B とする。

水平方向の力のつり合い　 $f_A = \mu_A N_A = N_B$ 　…式(1)

垂直方向の力のつり合い
$$f_B + N_A = \mu_B N_B + N_A = mg + W_1 \quad \text{…式(2)}$$

点 A まわりの力のモーメントのつり合い
　　　左辺　反時計回り　　　右辺　時計回り
$$W_1 \frac{L}{2} \cos\theta + mgs \cos\theta = N_B L \sin\theta + \mu_B N_B L \cos\theta$$

$$mgs \cos\theta = N_B L (\sin\theta + \mu_B \cos\theta) - W_1 \frac{L}{2} \cos\theta$$

$$\therefore s = \frac{1}{mg \cos\theta} \left(N_B L (\sin\theta + \mu_B \cos\theta) - W_1 \frac{L}{2} \cos\theta \right) \quad \text{…式(3)}$$

↑ N_B だけが未知数

式(1)から $N_A = \dfrac{N_B}{\mu_A}$　これを式(2)に代入して、N_B を求める。

$$\mu_B N_B + \frac{N_B}{\mu_A} = N_B \left(\mu_B + \frac{1}{\mu_A} \right) = mg + W_1$$

$$\therefore N_B = \frac{mg + W_1}{\mu_B + \dfrac{1}{\mu_A}} = \frac{70 \times 9.8 + 100}{0.3 + \dfrac{1}{0.4}} = 281 \text{ N}$$

$N_B = 281$ N を式(3)へ代入して s を求める。

$$\therefore s = \frac{1}{70 \times 9.8 \cos 60°} \times \left(281 \times 5 (\sin 60° + 0.3 \times \cos 60°) - 100 \times \frac{5}{2} \times \cos 60° \right)$$

$= 3.8$ m

解　3.8 m

5-11 ころがり摩擦

ころがりは、接触面に相対速度をもたない、すべりのない運動です。接触面に極めてわずかに働く、ころがりに対する抵抗を**ころがり摩擦**と呼びます。

ころがり摩擦

図(a)：車輪とレールとを考えます。両者を剛体とすると、接触は線接触で、ころがり摩擦は、近似的にゼロとも考えられます。

図(b)：ころがり摩擦を考えるには、車輪がレールにわずかに食い込み、面接触すると考えます。車輪が静止しているとき、荷重Wは接触面でつり合い、レールには、力が対称に分布すると考えます。

図(c)：車輪がころがると、力の分布が非対称になり、反力Wが荷重Wよりもfだけ先行すると考えます。2力は作用線がずれるので偶力となり、偶力のモーメント$M = fW$が車輪の回転に対して逆向きの**抵抗モーメント**として働きます。

この抵抗モーメントがころがり摩擦です。

fを**ころがり摩擦係数**と呼び、長さの単位mmまたはcmで示します。

図●ころがり摩擦

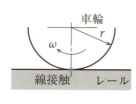

(a) 剛体の線接触

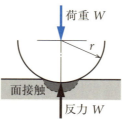

(b) 静止状態

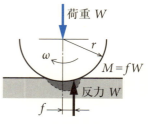

(c) ころがり摩擦 $M = fW$

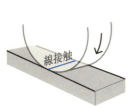

線接触でころがる運動の抵抗力は、ほとんどゼロと考えられる。

W　荷重 [N]
f　ころがり摩擦係数 [mm]
M　ころがり摩擦 [N mm]

力ところがり

車輪の中心に水平方向の力 P を与えると、P は、車輪とレールの接触点 O を中心として、車輪に回転の向きと同じ $M_P = Pr$ という力のモーメントを与えます。

車輪には、偶力のモーメントが抵抗モーメント（ころがり摩擦）M として働いているので、$M_P = M$ のとき、車輪がすべらずにころがります。

図●力とところがり

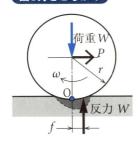

力 P のモーメント　　$M_P = Pr$
抵抗モーメント　　　　$M = fW$
$M_P = M$　だから　　$Pr = fW$

$$\therefore P = W\frac{f}{r}$$

P　運動を与える力 [N]
W　荷重 [N]
r　車輪半径 [mm]
f　ころがり摩擦係数 [mm]

車輪が大きいほど、小さな力で荷重を移動させることができる。

例題　重量 $W = 5$ kN の荷物を直径 50 mm のころ 2 本を使って水平な力 P で移動させる。ころの重量は考えずに、ころ、床、荷物のころがり摩擦係数 $f = 0.2$ mm として、P を求めなさい。

◯考え方
・重量は 2 本のころで等分に分配する。
・ころ 1 本で接触点 2 カ所、ころは 2 本、ころがり摩擦係数はすべて同じ。

解答例

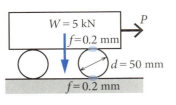

ころに生じる力 P のモーメント
$$M_P = Pd$$
ころがり摩擦の総和は、
$$M = 2 \times 2 \times f\frac{W}{2} = 2fW$$

↑ 1 つの接触点のころがり摩擦
1 つのころで接触点 2 カ所
ころが 2 本

$M_P = M$　から　$Pd = 2fW$

$$\therefore P = \frac{2fW}{d} = \frac{2 \times 0.2 \times 5 \times 10^3}{50} = 40 \text{ N}$$

解　40 N

5-12 ころがり抵抗

電車や自動車などの車輪で運動する物体は、ころがり摩擦以外にも抵抗をもちます。車両全体のころがりに対する抵抗を**ころがり抵抗**と呼びます。

◉ 軸受の摩擦抵抗

車輪の回転軸は軸受で支えられ、軸受に発生する摩擦は、ころがりの抵抗力となります。軸受には、すべり軸受やころがり軸受などがあり、ベアリングと呼ばれるころがり軸受は、摩擦が小さく、多くの軸受に採用されています。

◉ 車両のころがり抵抗係数

車両を一定の力で引っ張るとき、車輪と接地点の摩擦抵抗 F、車輪のころがり摩擦 M_1、軸受のころがり摩擦 M_2、車輪の半径 r とすれば、

$Fr = M_1 + M_2$ という力のモーメントのつり合いが考えられます。

しかし、M_1 と M_2 を測定することは難しいので、直接測定できる荷重 W と F の関係を、$F = \mu_r W$ と表し、F を**ころがり抵抗**、μ_r を**ころがり抵抗係数**と呼びます。

ころがり抵抗係数 μ_r は、0.02などの数値で表す他に、車両などでは、垂直荷重10 kNあたりの抵抗力[N]として表されることがあります。

> **例題** 重量 $W = 500$ kN の電気機関車が引くことのできる貨車の合計重量 W' を求めなさい。車輪とレール間の静摩擦係数 $\mu_0 = 0.2$、列車のころがり抵抗係数 μ_r は、10 kN あたり 50 N とします。
>
> **◉ 考え方**
> ・静摩擦係数から、すべらずに運動できる最大静摩擦力 f_0 を求める。
> ・ころがり抵抗係数 μ_r は、数値に換算する。
> ・ころがり抵抗 F が、最大静摩擦力 f_0 と等しくなるときの荷重 W' を求める。
>
> ※解答例は、右ページ

図●軸受の摩擦抵抗

接触面で**すべり摩擦**が生じる　　鋼球を介した小さな**ころがり摩擦**が生じる

すべり軸受

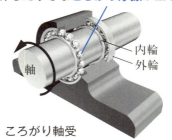
ころがり軸受

図●車両のころがり抵抗係数

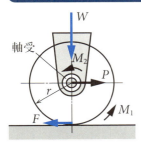

$$F = \mu_r W$$

W　荷重 [N]
μ_r　ころがり抵抗係数
F　ころがり抵抗 [N]

図●例題解答

  　$W = 500$ kN

静摩擦係数 $\mu_0 = 0.2$、ころがり抵抗係数 μ_r は 10 kN あたり 50 N

最大静摩擦力　$f_0 = \mu_0 W$　　　　　ころがり抵抗係数 μ_r

ころがり抵抗　$F = \mu_r (W + W')$　　$\mu_r = \dfrac{50}{10 \times 10^3} = 5 \times 10^{-3}$

　　　　　　　　　列車の総重量　　　　　　　　　　　　kN を N へ

$f_0 = F$ から
$\mu_0 W = \mu_r (W + W')$、　$\mu_r W + \mu_r W' = \mu_0 W$、　$\mu_r W' = \mu_0 W - \mu_r W$

$\therefore W' = \dfrac{W(\mu_0 - \mu_r)}{\mu_r} = \dfrac{500 \times 10^3 \times (0.2 - 5 \times 10^{-3})}{5 \times 10^{-3}}$

　　　　　　　　　　　　$= 19.5 \times 10^6$ N $= 19.5 \times 10^3$ kN

解　19.5×10^3 kN

実際の貨物列車の上限は 1300 トン ≒ 13×10^3 kN ほどです。↑

練習問題　　　摩擦力

問題1　荷物を載せた平板の傾角 θ を徐々に大きくした結果、$\theta = 25°$ で物体がすべり落ちた。静摩擦係数 μ_0 を求めなさい。

> **◎ 考え方**
> ・5-10節の静摩擦係数 μ_0 と摩擦角 θ の関係式

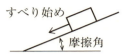

問題2　傾角 $20°$ の斜面上を重量 $W = 20$ N の物体が等速度ですべり落ちている。動摩擦係数 μ を求めなさい。

> **◎ 考え方**
> ・5-10節の動摩擦角 θ と動摩擦係数 μ の関係式

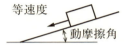

問題3　傾角 $\theta = 20°$ の斜面に重量 $W = 600$ N の物体が置かれている。斜面と $\alpha = 30°$ の傾きで斜め上方に徐々に力を加え、$F = 300$ N のとき引き上げることができた。物体と斜面の静摩擦係数 μ_0 を求めなさい。

> **◎ 考え方**
> ・F を斜面に対して平行、垂直な分力に分けて、力のつり合いをとる。

問題4　重量 $W = 500$ kN の貨車を移動させるのに必要な水平力 P を求めなさい。ころがり抵抗係数 μ_r は、10 kN あたり 80 N とします。

> **◎ 考え方**
> ・5-12節のころがり抵抗 F を求める。

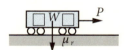

問題5　重量 $W = 5$ kN の荷物を直径 50 mm のころ 2 本を使って、傾角 $\theta = 30°$ の力 P で移動させる。ころの重量は考えずに、ころと床のころがり摩擦係数 $f_1 = 0.2$ mm、ころと荷物のころがり摩擦係数 $f_2 = 0.1$ mm として、P を求めなさい。

> **◎ 考え方**
> ・5-11節の例題で、力 P が傾角をもち、床と物体のころがり摩擦係数が異なる。

解答 1

$\mu_0 = \tan\theta = \tan 25° = 0.466$

解　0.466

解答 2

$\mu = \tan\theta = \tan 20° = 0.364$

解　0.364

問題 1、2 とも摩擦係数と摩擦角の関係

解答 3

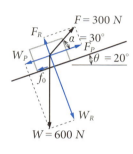

W の分力　$W_P = W\sin\theta$、　$W_R = W\cos\theta$

F の分力　$F_P = F\cos\alpha$、　$F_R = F\sin\alpha$

静摩擦力　$f_0 = \mu_0(W_R - F_R)$　面を垂直に押す力

運動方向の力のつり合い

$W_P + \mu_0(W_R - F_R) = F_P$、　$\mu_0(W_R - F_R) = F_P - W_P$

$\therefore \mu_0 = \dfrac{F_P - W_P}{W_R - F_R} = \dfrac{F\cos\alpha - W\sin\theta}{W\cos\theta - F\sin\alpha}$

$= \dfrac{300\cos 30° - 600\sin 20°}{600\cos 20° - 300\sin 30°} = 0.132$

解　0.132

解答 4

単位をそろえると　$P = \mu_r W = \dfrac{80}{10\times 10^3} \times 500\times 10^3 = 4000$ N

kN を N へ換算

ころがり抵抗係数の意味を理解していれば、右の式も正解

$P = \dfrac{80 \text{ N}}{10 \text{ k̶N̶}} \times 500 \text{ k̶N̶} = 4000$ N

解　4000 N

解答 5

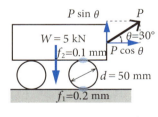

力 P の水平分力　$P\cos\theta$、垂直分力　$P\sin\theta$

ころに働く力 P のモーメント　$M_P = P\cos\theta \times d$

垂直に働く力の総和　$R = W - P\sin\theta$

ころがり摩擦の総和 M は、

$M = 2f_1 \dfrac{R}{2} + 2f_2 \dfrac{R}{2} = R(f_1 + f_2)$

f_1、f_2 それぞれ 2 点　$= (W - P\sin\theta)(f_1 + f_2)$

$M_P = M$　から　$Pd\cos\theta = (W - P\sin\theta)(f_1 + f_2)$

$Pd\cos\theta = W(f_1 + f_2) - P\sin\theta(f_1 + f_2)$、　$P(d\cos\theta + \sin\theta(f_1 + f_2)) = W(f_1 + f_2)$

$\therefore P = \dfrac{W(f_1 + f_2)}{d\cos\theta + \sin\theta(f_1 + f_2)} = \dfrac{5\times 10^3 \times (0.2 + 0.1)}{50\cos 30° + \sin 30°(0.2 + 0.1)} = 34.5$ N

解　34.5 N

column

慣性力

　5章では、4章の運動に力を考えたことで、内容が身近に感じられるようになったと思います。

　機械には必ず運動部分があります。機械力学では、物体に力を与えると、物体にどのような変化が起こるのかということを考えます。

　「力」は、私たちが感覚としてなじんでいるので、力の働きで運動がどのように変化するかということも、私たちは現象として理解できます。

　5章でも扱った、慣性力と遠心力という力があります。

　おそらく、多くの方が、小学生の頃までに、理屈を抜きにして、目の前で起こる力学的な現象を経験し、その後に、親や身近な年長者から説明を受けて「そうか、遠心力なんだ」と納得するような経緯をおもちではないでしょうか。

　どちらかというと、一般には、慣性力よりも遠心力の方がなじまれているのではないかと思います。

　ところが、高校物理で、力学を学ぶと、慣性力や遠心力がわからなくなってしまうという方が少なくありません。

　私たちが、慣性力や遠心力を体で感じて理解したと信じるのは、私たちが、加速度運動を行う電車などの非慣性系座標の中で運動を体験したからです。

　ですから、電車内などの非慣性系座標で慣性力を受けながら力のつり合いを考えれば、混乱は少ないはずです。

　しかし、5-2節と5-3節で説明したように、加速度運動を行う電車内の様子を、外部の慣性系座標から観察して運動方程式をつくると、慣性力という力は出てきません。これが物理系力学の観察方法です。運動を解析するには、慣性系座標からの観察が適しています。

　つまり、慣性力を学ぶには、観察点の切り替えを意識することが必要ということです。

　機械工学では、慣性力や遠心力を積極的に利用しているので、2つの座標系を柔軟に利用できるようにすることが必要です。

第6章
仕事とエネルギー

機械の目的は、仕事をすることで、力学の仕事とは、
力を与えて物体を動かすという明快なものです。
本章で、仕事、動力、エネルギーなど、
日常で聞きなれている言葉を力学的に理解しましょう。

6-1 仕事
6-2 動力
練習問題●仕事・動力
6-3 力学的エネルギーと仕事
6-4 力学的エネルギー保存の法則
練習問題●エネルギー
6-5 エネルギー保存の法則
6-6 運動量と運動エネルギー
6-7 機械の効率
練習問題●エネルギー保存の法則と機械の効率
6-8 てこと輪軸の仕事
6-9 つり合う滑車
6-10 滑車の運動
練習問題●てこ・輪軸・滑車
6-11 斜面の仕事
6-12 ねじと角ねじの効率
6-13 角ねじと三角ねじ
6-14 ねじを回す力
6-15 ねじの自立と効率
練習問題●斜面・ねじ
column●思考実験

6-1 仕事

床に置かれた重い荷物を、すべらせて 2 m 移動したときと、台車に載せて 2 m 移動したときの違いを、力学では、**仕事**という量で表します。

◎ 仕事

物体に力 F が働き、距離 s 移動したとき、物体は、力から仕事 $W = Fs$ を受けた、あるいは、力は、物体に仕事 $W = Fs$ を与えたといいます。

仕事は、物体を移動させるのに要した力と距離の積で決まるので、単位を N m と表すこともできますが、1-3 節の表 3 に紹介したように、「固有の名称をもつ SI 組立単位」として J (ジュール) を使います。

力 F の作用線と物体の運動の方向が一致しないときは、物体の運動方向の力の分力と、距離 s の積を仕事 W とします。

床に置いた物体に垂直な力を与えたり、固定した壁にどんなに大きな力を与えても、物体が移動しなければ、力学の仕事はゼロです。

図●仕事

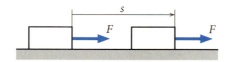

$W = Fs$

F 力 [N]
s 移動距離 [m]
W 仕事 [J]

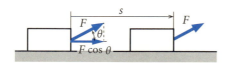

↓運動方向分力
$W = F \cos\theta \times s$
$ = Fs \cos\theta$

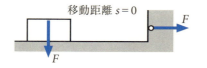

$W = Fs = F \times 0 = 0$

力 F が働いても、移動距離 $s = 0$ ならば、仕事はゼロ

力と仕事

重量 $w = 500$ N の物体を、力 F で鉛直に $h = 10$ m 引き上げるのに必要な仕事 W は、引き上げる力 $F = w$ として、$W = Fh = wh = 500 \times 10 = 5000$ J。

これを、傾角 $\theta = 30°$ のなめらかな斜面に沿って、力 F で高さ 10 m まで物体を引き上げると、必要な仕事 W は、力 F を重量 w の斜面に平行な分力、斜面の長さ $s = 20$ m として、$W = Fs = w \sin\theta \times s = 500 \sin 30° \times 20 = 5000$ J となります。

結果は、どちらも同じ 5000 J です。斜面で引き上げると、$F = 250$ N なので、鉛直に引き上げる場合の $F = 500$ N の半分の力で済みます。

しかし、斜面の移動距離は、鉛直に引き上げる距離の 2 倍のため、仕事は同じ量になります。つまり、「**力は得をできても、仕事は得をできない**」のです。

図●力と仕事

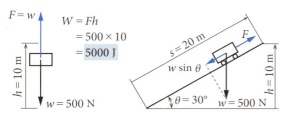

実は、斜面の仕事を代数式で表せば、次のように、経路に関係しない鉛直方向の変位の問題として解くことができます。

$$W = Fs = w \sin\theta \times h \frac{1}{\sin\theta} = wh$$

例題　上の斜面を利用した例で、物体と斜面の静摩擦係数 $\mu_0 = 0.2$ として、必要な仕事 W を求めなさい。

考え方

・力 F は、重量 w の斜面に平行な分力と最大静摩擦力 f_0 の和になる。

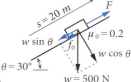

$f_0 = \mu_0 w \cos\theta$,　$F = w \sin\theta + f_0 = w \sin\theta + \mu_0 w \cos\theta$

$W = Fs = s(w \sin\theta + \mu_0 w \cos\theta)$

　　$= 20(500 \sin 30° + 0.2 \times 500 \cos 30°) = 6732$ J

解　6732 J

6-2 動力

力と距離で決められる仕事を時間で割れば、仕事に対する能力を表すことができます。この量を**動力**または、**仕事率**と呼びます。

◎ 動力

仕事Wを時間tで割った値が動力Pです。単位は、J/sでも通じますが、SIの固有の名称をもつ量として、W（ワット）を使います。

動力は、時間に反比例するので、動力が大きければ仕事が短時間で行われることになり、動力の値は、仕事と速さの関係を示すことにもなります。

図●動力

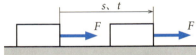

$$P = \frac{W}{t} \quad \cdots 式(1)$$

式(1)に $W = Fs$ を代入すると、

$$P = \frac{W}{t} = \frac{Fs}{t} = F\frac{s}{t} \quad \therefore P = Fv \quad \cdots 式(2)$$

F 力 [N]
s 移動距離 [m]
t 時間 [s]
W 仕事 [J]
v 速度 [m/s]
P 動力 [W]

◎ 回転と動力

機械の運動や動力源には、回転運動が多く、回転運動における動力は、トルクT、角速度ωとして、次のように表します。

図●回転と動力

$$P = T\omega \quad \cdots 式(3)$$

回転を回転数nで表せば、

$$P = T\frac{2\pi n}{60} \quad \cdots 式(4)$$

T トルク [N m]
ω 角速度 [rad/s]
n 回転数 [rpm]
P 動力 [W]

◎ PSという旧単位

SIでは使えませんが、動力を表すPS（馬力）という旧単位があります。実務で長年、使用されていたので、現在でも自動車エンジンの動力性能を示す参考表記として、出力○○PSなどとすることがあります。次のように換算します。

$$\boxed{1\ \text{kW} ≒ 1.4\ \text{PS}, \quad 1\ \text{PS} ≒ 735\ \text{W}} \quad \cdots 式(5)$$

例題1 物体を力 $F = 200$ N で、$t = 5$ 秒間に $s = 5$ m 移動させた。このときの動力 P を求めなさい。

✪ 考え方
・物体の運動の状態に関係なく、仕事は、**力×距離**。

解答例

$$P = \frac{W}{t} = \frac{Fs}{t} = \frac{200 \times 5}{5} = 200\ \text{W}$$

解 200 W

例題2 クレーンで、重量 $w = 1000$ N の荷物を $t = 10$ 秒間で $s = 15$ m 引き上げた。このときの動力 P を求めなさい。

✪ 考え方
・クレーンが必要とする力は、物体の重量 w。

解答例

$$P = \frac{W}{t} = \frac{ws}{t} = \frac{1000 \times 15}{10} = 1500\ \text{W} = 1.5\ \text{kW}$$

解 1.5 kW

例題3 回転数 $n = 3000$ rpm でトルク $T = 120$ N m のエンジンがある。このときの動力 P を kW と PS で求めなさい。

✪ 考え方
・式(4)から動力を kW で求め、式(5)で PS に変換する。

解答例

$$P = T\frac{2\pi n}{60} = \frac{120 \times 2\pi \times 3000}{60} = 37.7\ \text{kW} = 37.7 \times 1.4 = 52.8\ \text{PS}$$

解 37.7 kW、52.8 PS

練習問題　仕事・動力

問題1　総重量 $w = 2000$ kN の列車が、速度 $v = 60$ km/h で走行している。走行に対する全抵抗を重量の 0.5 % として動力 P を求めなさい。

> ★考え方
> ・走行に対する全抵抗が走行のための力 F になる。

問題2　人を含めた総重量 $w = 2500$ N の二輪車が、スタート後 $t = 15$ 秒で $s = 150$ m の地点を通過した。これを等加速度運動として抵抗を考えずに、そのときの①速度 v [km/h]、②動力 P を求めなさい。

> ★考え方
> ・距離、時間から終速度 v を求める。
> ・動力には、力 $F = ma$ の、加速度 a が必要。

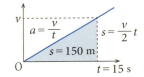

問題3　水面からの高さ $h = 8$ m にある水槽に $t = 5$ 分間で $V = 2$ m³ の水を吐き出すポンプの動力 P を求めなさい。

> ★考え方
> ・2 m³ の水を5分間で8 m の高さに上げると考える。

問題4　下図はプロニー動力計と呼ばれる、摩擦式動力計の原理です。測定する回転軸を摩擦材ではさみ、腕の長さ L と腕の先端が荷重計を垂直に押す力 F の積から軸のトルクを測定し、軸の動力を求めます。腕の長さ $L = 1$ m の試験機で、回転数 $n = 300$ rpm、秤の読み $F = 500$ N のとき、動力 P を求めなさい。

> ★考え方
> ・測定トルクから、6-2節の式を使って動力を求める。

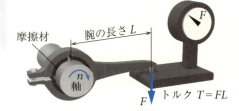

解答1

$$P = Fv = 2000 \times \underline{0.5 \times 10^{-2}} \times 60 \times \frac{10^3}{60^2} = 167 \text{ kW}$$

（0.5 %）　（↓km/h を m/s へ）

重量を kN で代入したので、動力は kW

解　167 kW

解答2

等加速度運動の時間 − 速度線図から

↓m/s を km/h へ

$$\begin{cases} s = \dfrac{1}{2} tv & \therefore v = \dfrac{2s}{t} = \dfrac{2 \times 150}{15} = 20 \text{ m/s} = 20 \times \dfrac{60^2}{10^3} = 72 \text{ km/h} \\ a = \dfrac{v}{t} & \left(= \dfrac{20}{15} = 1.33 \text{ m/s}^2 \right) \end{cases}$$

←加速度の値を必要としないので、a は近似値を避けて文字式を代入する。

$$F = ma = \frac{w}{g} a = \frac{w}{g} \frac{v}{t}$$

$$P = Fv = \frac{w}{g} \frac{v^2}{t} = \frac{2500 \times 20^2}{9.8 \times 15} = 6803 \text{ W} = 6.8 \text{ kW}$$

解　72 km/h、6.8 kW

解答3

物体の体積 1 m³ あたりの質量を**密度** ρ（ロー）と呼びます。

体積 V の物体の質量　$m = \rho V$、　水の密度 $\rho = 1000$ kg/m³

・設問は、体積 $V = 2$ m³ の水を、時間 $t = 5$ 分で、高さ $h = 8$ m まで上げる動力 P の問題と考える。

$$P = \frac{W}{t} = \frac{Fh}{t} = \frac{mgh}{t} = \frac{\rho Vgh}{t} = \frac{1000 \times 2 \times 9.8 \times 8}{5 \times 60} = 523 \text{ W}$$

解　523 W

解答4

トルクは、　$T = FL$

6-2 節の式 (4) $P = T \dfrac{2\pi n}{60} = FL \dfrac{2\pi n}{60} = \dfrac{500 \times 1 \times 2\pi \times 300}{60}$

$$= 15.7 \times 10^3 \text{ W} = 15.7 \text{ kW}$$

解　15.7 kW

6-3 力学的エネルギーと仕事

運動する物体のもつ運動エネルギーと、高いところにある物体のもつ位置エネルギーの和が力学的エネルギーです。**機械的エネルギー**とも呼びます。

運動エネルギーと仕事

運動する物体は、運動エネルギーをもちます。では、この物体はどのようにしてエネルギーを得たのでしょう。

図●運動エネルギーと仕事

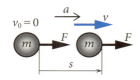

質量 m の静止していた物体に力 F を与えて距離 s だけ移動させたときの仕事は、 $W = Fs$

力 F は加速度 a を生むので、 $W = Fs = mas$

4-7節の式(4) $2as = v^2 - v_0^2$ から加速度 $a = \dfrac{v^2}{2s}$

これらをまとめて、 $W = Fs = mas = m\dfrac{v^2}{2s}s = \dfrac{1}{2}mv^2 = T$

$$T = \dfrac{1}{2}mv^2 \quad \cdots 式(1)$$

m 質量[kg]
v 速度[m/s]
T 運動エネルギー[J]

つまり、外力が物体に与えた仕事が物体の運動をつくり、物体の運動エネルギーになっているのです。

例題 速度 $v = 100$ km/h で打ち返された、質量 $m = 140$ g の野球のボールがもつ運動エネルギーを求めなさい。

◎考え方
・単位を、kg、m、s にする。

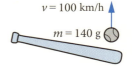

$v = 100$ km/h
$m = 140$ g

解答例

$T = \dfrac{1}{2}mv^2 = \dfrac{0.14}{2} \times \left(100 \times \dfrac{1000}{3600}\right)^2 = 54$ J

解 54 J

位置エネルギーと仕事

高いところにある物体は、位置エネルギーをもちます。この物体は、どのようにしてエネルギーを得たのでしょう。

質量 m の物体を高さ h まで移動させたときの仕事は、　　　$W = mgh$

物体がその位置を保つと、重力が常に物体を鉛直下方に引き寄せ、物体は、仕事 W を行う能力を保存することになるので、　　　$W = mgh = U$

図●位置エネルギーと仕事

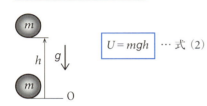

$$U = mgh \quad \cdots 式(2)$$

m　質量[kg]
g　重力加速度[9.8 m/s^2]
h　高さ[m]
U　位置エネルギー [J]

つまり、外力が重力に反して物体に与えた仕事が、保存力である重力によって保存され、物体の位置エネルギーになっているのです。

例題　動力 $P = 1$ kW のポンプで、高さ $h = 10$ m まで $t = 5$ 分間揚水したとき、①送り出した水の体積 V [m^3]、②その水のもつ位置エネルギーを求めなさい。

◎考え方
・前ページ練習問題3と同様に考え、質量 m を求め、体積に換算する。

解答例

　　　　　　　　　　　　kW を W へ換算↓　　　　↓分を秒へ換算

①**体積**　　$P = \dfrac{W}{t} = \dfrac{mgh}{t}$　　$\therefore m = \dfrac{Pt}{gh} = \dfrac{1 \times 10^3 \times 5 \times 60}{9.8 \times 10} = 3061$ kg

　　　　水の密度 $\rho = 1000$ kg/m^3 から体積　$V = \dfrac{m}{\rho} = \dfrac{3061}{1000} = 3$ m^3

②**位置エネルギー**　　$U = mgh = 3061 \times 9.8 \times 10 = 300 \times 10^3$ J $= 300$ kJ

解　体積　3 m^3、位置エネルギー　300 kJ

別解

仕事と動力から　$P = \dfrac{W}{t}$
位置エネルギー　　$\therefore U = W = Pt = 1 \times 10^3 \times 5 \times 60 = \underline{300 \text{ kJ}}$

6-4 力学的エネルギー保存の法則

「保存力だけを受けて運動する物体の力学的エネルギーの総和は常に等しい」物体に位置エネルギーを与える保存力には、重力の他にばねがあります。

◎ ばねの仕事と弾性エネルギー

ばねは、弾性の範囲内で、外力 F に比例する変形量 s を生じます。ばねを単位長さ変形させるのに必要な力の大きさを表す比例定数 k を**ばね定数**と呼びます。

仕事 W を受けて変形したばねは、変形量がゼロになるまで、元の形状に戻ろうとする保存力による位置エネルギーの一種である**弾性エネルギー** U をもちます。

図●ばねの仕事と弾性エネルギー

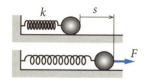
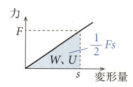

$\boxed{F = ks}$ …式(1)

$W = \dfrac{1}{2} Fs = \dfrac{1}{2} ks \times s = \dfrac{1}{2} ks^2$

$\boxed{U = \dfrac{1}{2} ks^2}$ …式(2)

k ばね定数 [N/m]
s 変形量 [m]
F 力 [N]
W 仕事 [J]
U 弾性エネルギー [J]

例題 力 $F = 20$ N を受けて、$s = 5$ cm 伸びたばねについて、①ばね定数、②このばねを 10 cm 伸ばしたときの弾性エネルギーを求めなさい。

解答例

ばね定数　式(1) $F = ks$ から　$k = \dfrac{F}{s} = \dfrac{20}{5 \times 10^{-2}} = 400$ N/m

弾性エネルギー　式(2) $U = \dfrac{1}{2} ks^2 = \dfrac{400 \times (10 \times 10^{-2})^2}{2} = 2$ J

<u>解　ばね定数　400 N/m、　弾性エネルギー　2 J</u>

力学的エネルギー保存の法則

「保存力だけを受けて運動する物体の力学的エネルギーは常に等しい」これが、力学的エネルギー保存の法則で、保存力という呼称の由来です。

力学的エネルギー保存の法則 $\boxed{E = T + U \text{ は常に一定}}$ …式 (3)

5-5節の例題4で、ジェットコースターが直径 $d = 30$ m の宙返りコースを通過するのに必要とする最低速度を求めました。結果は 12 m/s、およそ 43 km/h でした。

ジェットコースターは、コースの最高点まで動力で移動させた後、途中でエネルギーを与えることなく、終点まで到達する運動体です。

質量 m の車体が、直径 $d = 30$ m のループの頂点②を安全に通過するのに必要な最高点①の高さ h を、力学的エネルギー保存の法則から考えましょう。

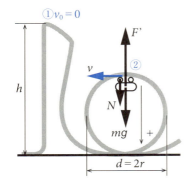

遠心力　$F' = m\dfrac{v^2}{r}$

鉛直方向でのつり合いの式
$$N + mg - F' = N + mg - m\dfrac{v^2}{r} = 0$$
$$\therefore N = m\dfrac{v^2}{r} - mg$$

抗力 N は正だから　$m\dfrac{v^2}{r} - mg > 0$
$$\therefore \dfrac{v^2}{r} > g \quad \text{…式 (1)}$$

以上は 5-5節の例題4解答の一部です。

力学的エネルギー保存の法則から

①最高点は位置エネルギーだけ
↓　　②の力学的エネルギー
$$\boxed{mgh = \dfrac{1}{2}mv^2 + 2mgr}$$
$$gh = \dfrac{1}{2}v^2 + 2gr$$
$$2(gh - 2gr) = v^2$$
$$\therefore v = \sqrt{2g(h - 2r)} \quad \text{…式 (2)}$$

式 (2) を式 (1) へ代入して

$$\dfrac{v^2}{r} > g$$
$$\dfrac{2g(h-2r)}{r} > g$$
$$\dfrac{2(h-2r)}{r} > 1$$
$$2(h-2r) > r$$

$$2h > 5r$$
$$\therefore h > \dfrac{5}{2}r$$
$$h > \dfrac{5}{2} \times 15$$
$$h > 37.5 \text{ m}$$

解　高さ　37.5 m 以上

練習問題　エネルギー

問題1　糸の先端に質量 $m = 200$ g のおもりを付けて、長さ $L = 1$ m、鉛直と $\theta = 45°$ となる点Aまで糸を引いて手を離した。最下点Bにおけるおもりの速度 v を求めなさい。

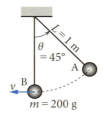

考え方
- 点Bを高さの基準点、点Aの初速度をゼロとして、力学的エネルギー保存の法則の式をつくる。

問題2　ジェットコースターが高さ $h_1 = 60$ m で速度 $v_1 = 50$ km/h であった。①レール最高点の高さ、②最下点での速度 [km/h] を求めなさい。

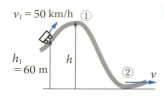

考え方
- 力学的エネルギー保存の法則
  レールの任意の点で、$\boxed{\dfrac{1}{2}mv^2 + mgh = 一定}$
- 最高点は速度ゼロ、最下点は高さゼロと考える。

問題3　頭部の質量 $m = 200$ g の金づちで、$v = 1$ m/s で釘を打ったところ、$h = 5$ mm 打ち込めた。①衝撃力、②衝撃時間を求めなさい。

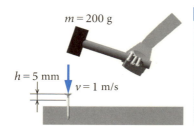

考え方
- 釘の質量は小さいものとして、金づち頭部の運動に着目する。
- 衝撃瞬間のエネルギーがすべて仕事に変わると考える。
- 金づちが衝突してから止まるまでの力積から衝撃時間を求める。

解答1

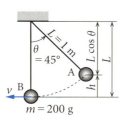

点 B を高さの基準点として、$\theta = 45°$ 引き上げたときの
点 A の高さ　$h = L - L\cos\theta = L(1 - \cos\theta)$

点 A と点 B における、力学的エネルギー保存の法則の式

$$mgL(1 - \cos\theta) = \frac{1}{2}mv^2$$

← A は位置エネルギーだけ
↑ B は運動エネルギーだけ

$gL(1 - \cos\theta) = \frac{1}{2}v^2$　∴ $v = \sqrt{2gL(1 - \cos\theta)} = \sqrt{2 \times 9.8 \times 1 \times (1 - \cos 45°)}$
$= 2.4$ m/s

解　2.4 m/s

解答2

①最高点の高さ h　位置エネルギーだけなので

$\frac{1}{2}mv_1^2 + mgh_1 = mgh$　から　$\frac{1}{2}v_1^2 + gh_1 = gh$

∴ $h = \frac{1}{g}\left(\frac{1}{2}v_1^2 + gh_1\right) = \frac{1}{9.8}\left(\frac{1}{2}\left(50 \times \frac{1000}{3600}\right)^2 + 9.8 \times 60\right) = 70.0$ m

②最下点の速度 v　運動エネルギーだけなので

$\frac{1}{2}mv_1^2 + mgh_1 = \frac{1}{2}mv^2$　から　$v_1^2 + 2gh_1 = v^2$

∴ $v = \sqrt{v_1^2 + 2gh_1} = \sqrt{\left(50 \times \frac{1000}{3600}\right)^2 + 2 \times 9.8 \times 60} = 37.0$ m/s $= 133$ km/h

解　70 m、133 km/h

解答3

①衝撃力 F　金づち頭部の運動エネルギーがすべて仕事に変わるとして、

$\frac{1}{2}mv^2 = Fh$　∴ $F = \frac{mv^2}{2h} = \frac{0.2 \times 1^2}{2 \times 5 \times 10^{-3}} = 20$ N

↓仕事
↑運動エネルギー

②衝撃時間　運動の終速度 $v' = 0$ として、運動量の変化と力積の関係から

$mv - mv' = Ft$　から　$mv = Ft$

∴ $t = \frac{mv}{F} = \frac{0.2 \times 1}{20} = 0.01$ 秒

解　20 N、0.01 秒

6-5 エネルギー保存の法則

エネルギーにはいろいろな種類があり、「閉じた系では、すべてのエネルギーの総和は常に等しい」とするのが、エネルギー保存の法則です。

◎ エネルギー変換

力学的エネルギーが相互に変換できるように、いろいろなエネルギーは、外部とエネルギーのやり取りのない閉じた系で、エネルギーの変換が可能で、エネルギーの総和が一定です。

水平な床の上で質量 m の荷物に力 F を与えて、初速度 v ですべらせると、変位 s で止まります。この運動に働く力は、おもに床と荷物間の摩擦力です。動摩擦係数 μ、動摩擦力 f' として変位 s を考えてみましょう。

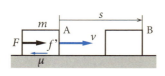

与えた運動エネルギー　　$T = \dfrac{1}{2} mv^2$

摩擦力に対する仕事　　　$W = f's = \mu mgs$

$W = T$ から　$\mu mgs = \dfrac{1}{2} mv^2$　∴ $\boxed{s = \dfrac{v^2}{2\mu g}}$

上の結果から、変位 s は物体の質量 m に関係せず、初速度 v と動摩擦係数 μ で決まります。

荷物の大きさが違っても、同じような速度ですべらせると、ほぼ同じ場所で止まるような経験をしたことがある方もいるのではないでしょうか。

与える力は、質量 m によって異なります。

仮に、$v = 3$ m/s、$\mu = 0.2$ とすれば、　$s = \dfrac{v^2}{2\mu g} = \dfrac{3^2}{2 \times 0.2 \times 9.8} = \underline{2.3 \text{ m}}$

摩擦力がなければ、運動は終了しないはずですが、荷物に与えた運動エネルギーは、摩擦力に対する仕事に変わり、熱や音のエネルギーに変換されたのです。

摩擦力のように、力学的エネルギー保存の法則を満たさず、エネルギーを減少させる力を**非保存力**と呼びます。

例題 1 水平な路面を速度 $v_0 = 50$ km/h で走る総重量 $w = 2500$ N の二輪車が、制動力 $F = 1000$ N で、$s = 10$ m 走行した。減速後の速度 v [km/h] を求めなさい。

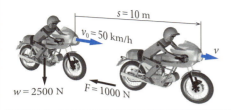

◎ 考え方
・水平路なので、位置エネルギーは考えない。制動によって運動エネルギーが減少し、熱などのエネルギーに変換される。

解答例

制動の前後でエネルギーの総和は等しい

制動前↓　　↓制動後
　　　　　　　↓制動仕事
$$\frac{1}{2}mv_0^2 = \frac{1}{2}mv^2 + Fs \quad \cdots 式(1)$$

式(1)から　$\frac{1}{2}mv_0^2 - Fs = \frac{1}{2}mv^2$、　$mv_0^2 - 2Fs = mv^2$、　$v^2 = \frac{mv_0^2 - 2Fs}{m}$

$\therefore v = \sqrt{\frac{mv_0^2 - 2Fs}{m}}$　　$m = \frac{w}{g} = \frac{2500}{9.8} = 255$ kg、　$v_0 = 50 \times \frac{1000}{3600} = 13.9$ m/s

$= \sqrt{\frac{255 \times 13.9^2 - 2 \times 1000 \times 10}{255}} = 10.7$ m/s $= 38.5$ km/h

解　38.5 km/h

例題 2 小川につくった小規模発電で、有効な落差 $h = 3$ m、流量 $Q = 0.2$ m³/s として、水のもつエネルギーをすべて電気エネルギーに変換できたとする。消費電力 140 W の LED 街路灯を点灯させることのできる個数を求めなさい。

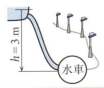

◎ 考え方
・1秒間に流れる水の重量から求めた位置エネルギーすべてが発電電力になる。
・求めた電力を器具1つの消費電力で割る。

解答例

水の密度 $\rho = 1000$ kg/m³ として、

　　　　　　　　　　　　　　↓これが発電電力
$U = W = mgh = Q\rho gh = 0.2 \times 1000 \times 9.8 \times 3 = 5880$ W

LED 街路灯の個数　$n = \frac{5880}{140} = 42$

解　42 本

6-6 運動量と運動エネルギー

運動量と運動エネルギーは、ともに保存されます。衝突を例として2つの量の違いを考えてみましょう。

⚙ 運動量と運動エネルギーの違い

運動量は、物体の運動に関する量で、運動エネルギーは、運動する物体のもつエネルギーに関する量です。

質量 $m_A = 3$ kg、速度 $v_A = 3$ m/sの物体Aと、質量 $m_B = 1$ kg、速度 $v_B = 2$ m/sの物体Bが直線上で衝突をした。反発係数 $e = 0.7$ として、衝突後の物体Aの速度 v_A' と物体Bの速度 v_B' を求め、衝突前後の運動量と運動エネルギーを比較してみましょう。

衝突前　A $\xrightarrow{v_A}$ B $\xrightarrow{v_B}$ ＋

衝突後　A $\xrightarrow{v_A'}$ B $\xrightarrow{v_B'}$

反発係数 $e = -\dfrac{v_A' - v_B'}{v_A - v_B}$

●衝突後の速度

はじめに衝突後の速度を求めます。5-8節の式 (3) と (4) から

$$v_A' = v_A - \frac{m_B(v_A - v_B)(1+e)}{m_A + m_B} = 3 - \frac{1 \times (3-2)(1+0.6)}{3+1} = 2.6 \text{ m/s}$$

$$v_B' = v_B + \frac{m_A(v_A - v_B)(1+e)}{m_A + m_B} = 2 + \frac{3 \times (3-2)(1+0.6)}{3+1} = 3.2 \text{ m/s}$$

●運動量

衝突前後の運動量の総和を求めると、

衝突前　$m_A v_A + m_B v_B = 3 \times 3 + 1 \times 2 = 11$ kg m/s　←運動量が保存
衝突後　$m_A v_A' + m_B v_B' = 3 \times 2.6 + 1 \times 3.2 = 11$ kg m/s　　されている

5-8節の式 (3) と (4) は、衝突の前後で運動量の総和は等しいという運動量保存の法則と反発係数の定義からつくった式ですから、衝突前後の運動量は等しくなります。

● 運動エネルギー

衝突前後での物体Aの運動エネルギー変化ΔT_Aと物体Bの運動エネルギー変化ΔT_Bから運動エネルギーの変化$\Delta T = \Delta T_A + \Delta T_B$を求めます。

$\Delta T_A = \dfrac{1}{2} m_A (v_A'^2 - v_A^2) = \dfrac{3}{2}(2.6^2 - 3^2) = -3.36\ \text{J}$　← エネルギー放出

$\Delta T_B = \dfrac{1}{2} m_B (v_B'^2 - v_B^2) = \dfrac{1}{2}(3.2^2 - 2^2) = 3.12\ \text{J}$　← エネルギー吸収

$\Delta T = \Delta T_A + \Delta T_B = -0.24\ \text{J}$　← エネルギー減少

$\Delta T_A = -3.36\ \text{J}$は、物体Aが外部へ放出したエネルギー、$\Delta T_B = 3.12\ \text{J}$は、物体Bが外部から吸収したエネルギーです。

力学的エネルギー保存の法則では、$\Delta T = \Delta T_A + \Delta T_B = 0$になるはずです。

しかし、この例では、$\Delta T = -0.24\ \text{J}$と、運動エネルギーが減少しているので、**損失エネルギー**が生まれたと考えられます。

エネルギー保存の法則では、$\Delta T = -0.24\ \text{J}$は、運動エネルギー以外の物体の変形、音の発生、熱の発生などの仕事に変換されたと考え、閉じた系全体として、エネルギーが保存されたと考えられます。

反発係数と損失エネルギー

反発係数と損失エネルギーの関係を考えます。反発係数$e = 1$の完全弾性衝突では、運動量保存の法則と力学的エネルギー保存の法則の2つとも成立します。

上の例を$e = 1$として計算すると、$v_A' = 2.5\ \text{m/s}$、$v_B' = 3.5\ \text{m/s}$、運動量の総和は、衝突前後とも$11\ \text{kg m/s}$、$\Delta T_A = -4.125\ \text{J}$、$\Delta T_B = 4.125\ \text{J}$、$\Delta T = 0$です。

5-8節の式(3)、(4)と$\Delta T = \Delta T_A + \Delta T_B$から反発係数と損失エネルギーの関係式ができます。次式(4)で$e = 0.6$とすると$\Delta T = -0.24\ \text{J}$です。

$$\begin{cases} \text{5-8節の式(3)}\ \ v_A' = v_A - \dfrac{m_B(v_A - v_B)(1+e)}{m_A + m_B} & \cdots 式(1) \\ \text{5-8節の式(4)}\ \ v_B' = v_B + \dfrac{m_A(v_A - v_B)(1+e)}{m_A + m_B} & \cdots 式(2) \\ \Delta T = \Delta T_A + \Delta T_B = \dfrac{1}{2} m_A(v_A'^2 - v_A^2) + \dfrac{1}{2} m_B(v_B'^2 - v_B^2) & \cdots 式(3) \\ \boxed{\Delta T = -\dfrac{1}{2}\dfrac{m_A m_B}{m_A + m_B}(v_A - v_B)^2(1 - e^2)} & \cdots 式(4) \end{cases}$$

※式の誘導を次ページにまとめてあります。

※損失エネルギーは、初期条件で決まります。

前ページ、反発係数と損失エネルギーの関係式の誘導です。
やや長いですが、展開は、代数式の基本的な変形です。
目標は、損失エネルギーを初期条件から求めることです。

●衝突後の速度と損失エネルギー

物体 A の衝突後の速度 v_A'

$$\begin{cases}
5\text{-}8\text{ 節の式 (3)}\quad v_A' = v_A - \dfrac{m_B(v_A - v_B)(1+e)}{m_A + m_B} \quad \cdots \text{式 (1)} \\
5\text{-}8\text{ 節の式 (4)}\quad v_B' = v_B + \dfrac{m_A(v_A - v_B)(1+e)}{m_A + m_B} \quad \cdots \text{式 (2)} \\
\Delta T = \Delta T_A + \Delta T_B = \dfrac{1}{2} m_A(v_A'^2 - v_A^2) + \dfrac{1}{2} m_B(v_B'^2 - v_B^2) \quad \cdots \text{式 (3)} \\
\quad \text{式 (3) を変形するために右辺を簡単にする} \\
2\Delta T = m_A(v_A'^2 - v_A^2) + m_B(v_B'^2 - v_B^2) \\
\quad\quad = m_A v_A'^2 - m_A v_A^2 + m_B v_B'^2 - m_B v_B^2 \quad \cdots \text{式 (3)}'
\end{cases}$$

物体 B の衝突後の速度 v_B'
衝突前後の損失エネルギー
両辺を2倍して、展開する

●式 (3)' から v_A'、v_B' を消去するため式 (1)、(2) を展開する

$$\begin{cases}
\text{式 (1)}\quad v_A'^2 = \left(v_A - \dfrac{m_B(v_A - v_B)(1+e)}{m_A + m_B}\right)^2 \\
\qquad\qquad = v_A^2 - 2 v_A m_B \dfrac{(v_A - v_B)(1+e)}{m_A + m_B} + \left(\dfrac{m_B(v_A - v_B)(1+e)}{m_A + m_B}\right)^2 \cdots \text{式 (1)}' \\
\text{式 (2)}\quad v_B'^2 = \left(v_B + \dfrac{m_A(v_A - v_B)(1+e)}{m_A + m_B}\right)^2 \\
\qquad\qquad = v_B^2 + 2 v_B m_A \dfrac{(v_A - v_B)(1+e)}{m_A + m_B} + \left(\dfrac{m_A(v_A - v_B)(1+e)}{m_A + m_B}\right)^2 \cdots \text{式 (2)}'
\end{cases}$$

●式 (1)'、(2)' を式 (3)' の右辺へ代入して ΔT を初期条件から求める式をつくる

$$= \cancel{m_A v_A^2} - 2 v_A m_A m_B \dfrac{(v_A - v_B)(1+e)}{m_A + m_B} + m_A m_B^2 \left(\dfrac{(v_A - v_B)(1+e)}{m_A + m_B}\right)^2 - \cancel{m_A v_A^2}$$

$$+ \cancel{m_B v_B^2} + 2 v_B m_A m_B \dfrac{(v_A - v_B)(1+e)}{m_A + m_B} + m_A^2 m_B \left(\dfrac{(v_A - v_B)(1+e)}{m_A + m_B}\right)^2 - \cancel{m_B v_B^2}$$

$$= \boxed{m_A m_B \dfrac{(v_A - v_B)(1+e)}{m_A + m_B}} (2 v_B - 2 v_A) + \boxed{m_A m_B \left(\dfrac{(v_A - v_B)(1+e)}{m_A + m_B}\right)^2}(m_A + m_B)$$

共通項

$$= \boxed{\dfrac{m_A m_B}{m_A + m_B} (v_A - v_B)(1+e)} \left((2 v_B - 2 v_A) + \left(\dfrac{(v_A - v_B)(1+e)}{m_A + m_B}\right)(m_A + m_B)\right)$$

$$= \dfrac{m_A m_B}{m_A + m_B} (v_A - v_B)(1+e) \left((2 v_B - 2 v_A) + \dfrac{\cancel{m_A + m_B}}{\cancel{m_A + m_B}} (v_A - v_B)(1+e)\right)$$

$$= \dfrac{m_A m_B}{m_A + m_B} (v_A - v_B)(1+e) \left((2 v_B - 2 v_A) + (v_A - v_B)(1+e)\right)$$

$$= \frac{m_A m_B}{m_A + m_B}(v_A - v_B)(1+e)\left(2v_B - 2v_A + v_A - v_B + e(v_A - v_B)\right)$$

$$= \frac{m_A m_B}{m_A + m_B}(v_A - v_B)(1+e)\left(\boxed{v_B - v_A} + e(v_A - v_B)\right) \quad \leftarrow v_A - v_B \text{に変形したい}$$

$$= \frac{m_A m_B}{m_A + m_B}(v_A - v_B)(1+e)\left(-(v_A - v_B) + e(v_A - v_B)\right)$$

$$= \frac{m_A m_B}{m_A + m_B}(v_A - v_B)(1+e)\left(-(v_A - v_B)(1-e)\right)$$

$$(1+e)(1-e) = 1^2 - e^2$$

$$2\Delta T = -\frac{m_A m_B}{m_A + m_B}(v_A - v_B)^2 (1-e^2)$$

←損失エネルギーが初期条件で決まる

$$\therefore \boxed{\Delta T = -\frac{1}{2}\frac{m_A m_B}{m_A + m_B}(v_A - v_B)^2 (1-e^2)} \quad \cdots \text{式 (4)}$$

例題 前ページの例を、融合衝突として、①衝突後の速度、②損失エネルギーを求めなさい。質量 $m_A = 3$ kg、速度 $v_A = 3$ m/s、質量 $m_B = 1$ kg、速度 $v_B = 2$ m/s、反発係数 $e = 0$。

✪ 考え方
・衝突後は一体。速度は式(1)か(2)、損失エネルギーは式(4)を使う。

解答例

①速度
$$v_A' = v_A - \frac{m_B(v_A - v_B)(1+e)}{m_A + m_B} = 3 - \frac{1 \times (3-2) \times (1+0)}{3+1} = 2.75 \text{ m/s}$$

②損失エネルギー
$$\Delta T = -\frac{1}{2}\frac{m_A m_B}{m_A + m_B}(v_A - v_B)^2 (1-e^2)$$
$$= -\frac{1}{2}\frac{3 \times 1}{3+1}(3-2)^2(1-0^2) = -0.375 \text{ J}$$

解 2.75 m/s、0.375 J

6-7 機械の効率

　機械が100 Jのエネルギーを受け取って、90 Jの有効な仕事をすれば、効率は0.9です。有効な仕事に変換されない10 Jは、損失エネルギーです。

⚙ 効率

　機械は、外部から受け取ったエネルギーを伝達、変換して外部に有効な仕事を行います。機械内部では、摩擦やエネルギー変換などのために損失するエネルギーがあります。**機械の効率**をη（イータ）で表します。

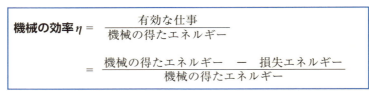

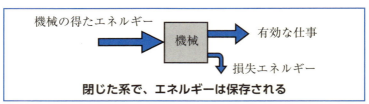

閉じた系で、エネルギーは保存される

例題1　電気モーターで巻き上げるクレーンで、重量$w = 2000$ Nの荷物を$t = 10$秒で$h = 10$ m引き上げた。クレーンの全効率$\eta = 65$ %のとき、モーターに供給された電力P_mを求めなさい。

> ★ 考え方
> ・$\eta =$ 仕事を行った動力／供給された電力　と考える。

解答例

$$P = \frac{W}{t} \quad W = wh \quad より$$

$$\eta = \frac{P}{P_m} \quad \therefore P_m = \frac{P}{\eta} = \frac{wh}{\eta t} = \frac{2000 \times 10}{0.65 \times 10} = 3077 \text{ W} = 3.1 \text{ kW}$$

$\eta = 65\ \%\uparrow$

解　3.1 kW

熱エネルギー

機械の摩擦抵抗の多くが熱エネルギーに変換されます。床の荷物をすべらせれば熱が生まれますが、床に置いた荷物を温めても荷物は動かないように、力学的エネルギーから熱エネルギーへの変換は簡単に行われても、熱エネルギーから力学的エネルギーへの変換は自然には行われません。

熱と一緒に移動するエネルギーの量を**熱量**と呼びます。物体の質量m、物体の比熱c、温度変化Δtとして、熱量Qは次のように表します。

$$Q = mc\Delta t$$

m　質量[kg]
c　比熱[J/(kg K)]
Δt　温度変化[Kまたは℃]
Q　熱量[J]

熱力学温度T[K]とセ氏温度t[℃]は、$T ≒ t + 273$
1Kと1℃の刻みは等しいので、温度差は等しい　$\Delta T = \Delta t$

例題2　人が乗った合計質量$M = 130$ kgの二輪車が、$v = 30$ km/hからブレーキをかけて停止した。運動エネルギーがすべてブレーキ部品の温度上昇になったと考え、ブレーキ部品の質量$m = 2$ kg、比熱$c = 0.4$ kJ/(kg K)として、ブレーキ部品の上昇温度Δtを求めなさい。

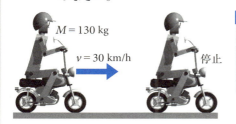

🟦 **考え方**
・ブレーキ前の運動エネルギーと熱量が等しいとしてΔtを求める。
※実際のブレーキは、熱を大気へ放出して冷却する。

解答例

運動エネルギーと熱量が等しいとして　$\frac{1}{2}Mv^2 = mc\Delta t$

$\therefore \Delta t = \frac{1}{2}\frac{Mv^2}{mc} = \frac{130}{2 \times 2 \times 0.4 \times 10^3} \times \left(30 \times \frac{1000}{3600}\right)^2 = 5.6$ K

　　　　　　　　kJをJに換算する↑

解　5.6 K、5.6 ℃

練習問題　エネルギー保存の法則と機械の効率

問題1 頭部の質量 $M = 500$ g のハンマを使い、$v = 5$ m/s で、質量 $m = 100$ g の鋼材を常温で10回叩いた。このとき、衝撃エネルギーの70％が鋼材の温度上昇に変化したとする。鋼材の比熱 $c = 0.4$ kJ/(kg K) として、鋼材の上昇温度 Δt を求めなさい。

> ✪ 考え方
> ・6-4節の問題3の仕事が熱量に変換されると考える。

問題2 建設工事で、高さ $h = 20$ m まで、1時間あたりに $w = 400$ kN の土石を運搬するベルトコンベアがある。運搬についてのすべての損失が38％のとき、必要な動力 P を求めなさい。

> ✪ 考え方
> ・効率＝有効な動力÷機械に必要な動力。

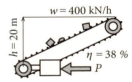

問題3 水平な路面を速度 $v_0 = 50$ km/h で走る総重量 $w = 2500$ N の二輪車が、制動力 $F = 1000$ N で、$s = 10$ m 走行して、$v = 38.5$ km/h になった（6-5節 例題1）。このとき、ブレーキ仕事の30％がブレーキ部品の温度上昇になったと考え、ブレーキ部品の質量 $m = 3$ kg、比熱 $c = 0.4$ kJ/(kg K) として、ブレーキ部品の上昇温度 Δt を求めなさい。

> ✪ 考え方
> ・制動仕事は Fs として、6-7節の例題2を参照。

問題4 2 kW の電力 P を使って $V = 2$ m³ の水を $h = 10$ m の高さまで揚水するのにかかる時間 t を求めなさい。モーターの効率 $\eta_M = 0.86$、ポンプの効率 $\eta_P = 0.6$、送水管の効率 $\eta_T = 0.8$ とします。

> ✪ 考え方
> ・6-2節の例題3の類題。
> 　機械全体の効率は、各部分の効率の積。

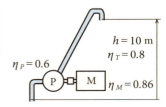

解答 1

ハンマ頭部の運動エネルギーの 70 % が熱量に変わるとして、

$$mc\Delta t = 10 \times \frac{1}{2}Mv^2 \times 0.7$$

↓熱量　↓10 回分の運動エネルギー
↑効率 70 %

$$\therefore \Delta t = \frac{7Mv^2}{2mc} = \frac{7 \times 0.5 \times 5^2}{2 \times 0.1 \times 0.4 \times 10^3} = 1.1 \text{ K}$$

解　1.1 K、1.1 ℃

解答 2

有効な仕事 $W = wh$、有効な動力 $P' = \dfrac{wh}{t}$

機械が必要とする動力 P

仕事に関するすべての損失が 38 % だから効率 $\eta = 62\% = 0.62$

↓kN のままで kW ↓

$$\eta = \frac{P'}{P} \quad \therefore P = \frac{P'}{\eta} = \frac{wh}{\eta t} = \frac{400 \times 20}{0.62 \times 3600} = 3.6 \text{ kW}$$

↑ $t = 1$ 時間 $= 3600$ s

解　3.6 kW

解答 3

ブレーキ仕事 W の 30 %　$W' = 0.3Fs$

ブレーキを温度上昇させた熱量　$Q = mc\Delta t$

$W' = Q$ として　$0.3Fs = mc\Delta t$　$\therefore \Delta t = \dfrac{0.3Fs}{mc} = \dfrac{0.3 \times 1000 \times 10}{3 \times 0.4 \times 10^3} = 2.5 \text{ K}$

解　2.5 K、2.5 ℃

解答 4

体積 V の物体の質量　$m = \rho V$、　水の密度　$\rho = 1000 \text{ kg/m}^3$

有効な動力　$P_W = \eta_M \eta_P \eta_T P$

↓各部分の効率の積が全体の効率

$$P_W = \eta_M \eta_P \eta_T P = \frac{mgh}{t} = \frac{\rho Vgh}{t}$$

$$\therefore t = \frac{\rho Vgh}{\eta_M \eta_P \eta_T P} = \frac{1000 \times 2 \times 9.8 \times 10}{0.86 \times 0.6 \times 0.8 \times 2000} = 237 \text{ 秒} = 4 \text{ 分}$$

解　4分

6-8 てこと輪軸の仕事

簡単な道具を例に機械の仕事を考えます。はじめに、おもに、力のモーメントのつり合いから、てこと輪軸を考えます。

てこ

点Oを支点としたてこABの仕事を次のように考えます。

図●てこと仕事

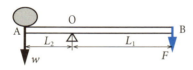

点Oを基準とした、力のモーメントのつり合いから

$wL_2 = FL_1$ ∴ $F = w\dfrac{L_2}{L_1}$

$\dfrac{w}{F} = \dfrac{L_1}{L_2}$ は、力の比を表す。

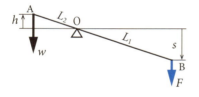

Fの行った仕事とwの受けた仕事は等しいから $Fs = wh$

変位 s、h は同時間なので、

$\dfrac{h}{s} = \dfrac{L_2}{L_1}$ は、速度の比を表す。

例題 図のハンドプレスで、OAが水平になったときに、①物体Pに与える力 F_P、②力Fの行った仕事Wを求めなさい。

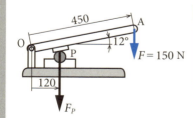

◆考え方
① 点Oを基準とした力のモーメントのつり合いから F_P を求める。
② 仕事Wは、Fと点Aの鉛直変位との積と考える。

解答例

①**力**　$F \cdot OA = F_P \cdot OP$　∴ $F_P = F \dfrac{OA}{OP} = 150 \times \dfrac{450}{120} = 562.5$ N

　　　　　　　　↑長さの比なので mm で可

②**仕事**　$W = F \cdot \boxed{OA \cdot \sin 12°} = 150 \times 0.45 \times \sin 12° = 14$ J

　　　　　　　↑鉛直変位　　　↑長さを m で

解　562.5 N、14 J

輪軸

半径の異なる円筒を1つの回転軸に固定したものを**輪軸**と呼び、大きな半径Rの円筒を輪、小さな半径rの円筒を軸と呼びます。

図●輪軸と仕事

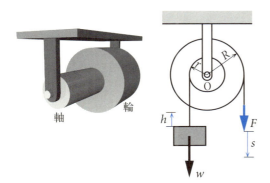

点Oを基準とした、力の
モーメントのつり合いから

$wr = FR$　∴ $\boxed{F = w\dfrac{r}{R}}$

$\boxed{\dfrac{w}{F} = \dfrac{R}{r}}$　力の比

Fの行った仕事とwの受けた仕事は等しい　$\boxed{Fs = wh}$

変位s、hは同時間なので、

$\boxed{\dfrac{h}{s} = \dfrac{r}{R}}$　速度の比

例題　$R = 150$ mm、$r = 60$ mmの輪軸で、荷重$w = 500$ Nを変位h引き上げるとき、①必要な力F、②Fの変位sを求めなさい。

考え方
・力のモーメントのつり合いからF、仕事が等しいことからsを求める。

解答例

　　　　　　　　　　　　　↓長さの比なので mm で可

①**力**　　$wr = FR$　∴ $F = w\dfrac{r}{R} = 500 \times \dfrac{60}{150} = 200$ N

②**変位**　$\dfrac{h}{s} = \dfrac{r}{R}$　∴ $s = h\dfrac{R}{r} = h\dfrac{150}{60} = 2.5\, h$

解　200 N、2.5 h

6-9 つり合う滑車

滑車は、小さな力で重い荷物を引き上げたり、大きな引っ張り力をつくりだします。連続した1本の糸の張力は、任意の点で等しいことが基本です。

定滑車と動滑車

滑車や糸などの重量は考えず、力のつり合いと変位を次のように表します。

図●定滑車

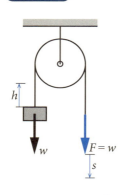

1本の糸が、自由に回転する滑車で向きを変えていると考えて、 $F = w$
w を h 引き上げるのに必要な F の変位は、 $s = h$

　F の行った仕事　　$W = Fs = wh$
　w の受けた仕事　　$W = wh$

定滑車は、荷重と同じ大きさで荷重を支え、力の向きを変えます。

図●動滑車

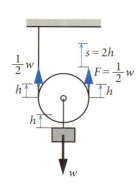

1本の糸が、滑車の両側2カ所で荷物を支えると考えて、 $F = \frac{1}{2}w$
w を h 引き上げるのに必要な F の変位は、 $s = 2h$

　F の行った仕事　　$W = Fs = \frac{1}{2}w \times 2h = wh$
　w の受けた仕事　　$W = wh$

動滑車は、荷重の $\frac{1}{2}$ の力で荷重を支え、力の変位は2倍になります。

🔹 滑車の組み合わせ

定滑車と動滑車を組み合わせた装置の力のつり合いを考えます。滑車や糸などの重量は考えません。

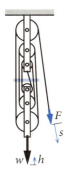

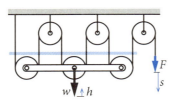

2例とも、荷重 w を動滑車にかかる糸の6点で支えているので、 $F = \dfrac{1}{6}w$、 $s = 6h$

例のように、1本の糸が n 個の動滑車を通るとき、

● 荷重 w とつり合う力

$$F = \dfrac{1}{2n}w$$

● 仕事 $Fs = wh$ から、変位

$$s = \dfrac{wh}{F} = wh \times \dfrac{2n}{w}$$

∴ $s = 2nh$

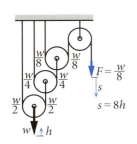

動滑車1つで力が $\dfrac{1}{2}$ になるのだから、n 個の動滑車が次の動滑車へ順次つながるとき、

● 荷重 w とつり合う力

$$F = \left(\dfrac{1}{2}\right)^n w$$

● 仕事 $Fs = wh$ から、変位

$$s = \dfrac{wh}{F} = wh \times \dfrac{2^n}{w} \quad \therefore s = 2^n h$$

図● 滑車の組み合わせ

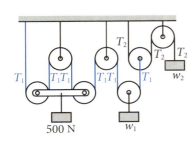

解法の例

糸、滑車の重量を考えずに、左図の滑車がつり合う w_1、w_2 を求めます。

張力 T_1 500 N の荷重を4点で支えているから、 $T_1 = \dfrac{500}{4} = 125$ N

∴ $w_1 = 2T_1 = 2 \times 125 = \underline{250 \text{ N}}$

$T_2 = \dfrac{T_1}{2} = w_2$ だから $w_2 = \dfrac{125}{2} = \underline{62.5 \text{ N}}$

差動滑車

下図は、荷物を引き上げるのに、荷物自体の重量を巻き上げのトルクに利用できる差動滑車というしくみで、チェーンブロックと呼ばれる小型の巻き上げ装置の原理です。

半径R、直径Dの大滑車と半径r、直径dの小滑車が一体で、中心Oとする定滑車となり、動滑車からの荷重を等分に受けています。

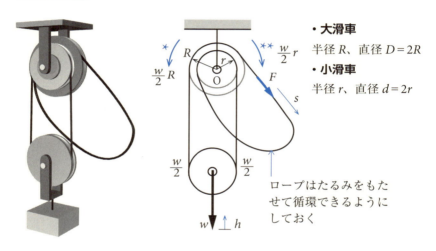

図●差動滑車

- **大滑車** 半径R、直径$D=2R$
- **小滑車** 半径r、直径$d=2r$

ロープはたるみをもたせて循環できるようにしておく

荷重wとつり合う力F、ロープの変位sを次のように考えます。

●つり合う力F　点Oを中心に力のモーメントのつり合いをとる。

$$\overset{*}{\frac{w}{2}R} - (FR + \overset{**}{\frac{w}{2}r}) = 0 \quad , \quad FR = \frac{w}{2}(R-r)$$

$$\therefore \boxed{F = w\frac{R-r}{2R}} \text{ または } \boxed{F = w\frac{D-d}{2D}}$$

●仕事 $Fs = wh$ から、変位

$$s = \frac{wh}{F} = wh \times \frac{2R}{w(R-r)} \quad \therefore \boxed{s = h\frac{2R}{R-r}} \text{ または } \boxed{s = h\frac{2D}{D-d}}$$

大滑車と小滑車の径が近いほど、力Fの値は小さくなります。

つり合う滑車の考え方

滑車の組み合わせには、すべてに活用できる公式はありません。1本の糸の張力はどこでも等しいこと、動滑車が力を半分にすること、力のモーメントのつり合い、からそれぞれのしくみを考えます。

例題 次に示すしくみで、滑車の重量 $m = 10$ N、荷物の重量 $M = 1500$ N、ロープの重さ、滑車の損失は考えないものとして、①つり合う力 F、②装置全体をつるす部材に働く力 T_4 を求めなさい。

考え方
・滑車1、2、3にかかるロープの張力を T_1、T_2、T_3 とする。
・求める F は、T_1 と同じ大きさ。

解答例

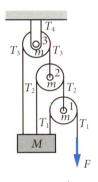

条件から明らかな点を整理すると

$T_1 = F$ … 式 (1)
$T_4 = M + 3m + F$ … 式 (2)
$M = T_1 + T_2 + T_3$ … 式 (3)

滑車の力のつり合いから

$T_2 = 2T_1 + m = 2F + m$
$T_3 = 2T_2 + m = 2(2F + m) + m = 4F + 3m$
$T_4 = 2T_3 + m = 2(4F + 3m) + m = 8F + 7m$ … 式 (4)

式 (3) から $M = T_1 + T_2 + T_3 = F + 2F + m + 4F + 3m = 7F + 4m$

$$\therefore F = \frac{M - 4m}{7} = \frac{1500 - 4 \times 10}{7} = 208.6 \text{ N}$$

式 (2) から $T_4 = M + 3m + F = 1500 + 3 \times 10 + 208.6 = 1738.6$ N
または、式 (4) から $T_4 = 8F + 7m = 8 \times 208.6 + 7 \times 10 = 1738.8$ N

解 $F = 208.6$ N、$T_4 = 1738.6$ N(または、1738.8 N)

6-10 滑車の運動

静止する滑車のつり合いから求めたつり合う力よりも大きな力を与えれば、荷物が上昇、小さければ荷物が下降します。運動中の滑車を考えます。

運動方程式から

質量 $2m > M$ とした2つの物体 M と m をつるした次の滑車装置の運動を求めます。運動する物体の力を考えるには、運動方程式が便利です。

はじめに、装置のしくみから次のことがわかります。

・$2m = M$ のとき、滑車がつり合う。
・$2m > M$ だから、物体 m が下降し、M が上昇する。
・m の加速度 a とすれば、M の加速度は $\dfrac{a}{2}$。

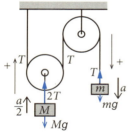

物体の運動の向きを正とする。

物体の運動の向きを正として、

物体 m の運動方程式　　$ma = mg - T$　　…式(1)

物体 M の運動方程式　　$M\dfrac{a}{2} = -Mg + 2T$　…式(2)

式(1)×4 + 式(2)×2 で T を消去する。

$$\begin{aligned} 4ma &= 4mg - 4T \\ +\,)\ Ma &= -2Mg + 4T \\ \hline 4ma + Ma &= 4mg - 2Mg \end{aligned}$$ …式(3)

式(3) から　$a(4m + M) = 2g(2m - M)$　∴ $a = 2g\dfrac{2m - M}{4m + M}$ …式(4)

式(1) から　$T = mg - ma = m(g - a)$

式(4) を代入して　$T = m\left(g - 2g\dfrac{2m - M}{4m + M}\right)$ …式(5)

例として、$m = 2$ kg、$M = 3$ kg のとき、

$a = 2g\dfrac{2m - M}{4m + M} = 2 \times 9.8 \times \dfrac{2 \times 2 - 3}{4 \times 2 + 3} = \underline{1.8 \text{ m/s}^2}$

$T = m(g - a) = 2 \times (9.8 - 1.8) = \underline{16 \text{ N}}$

力のつり合い式から

左ページの解法例は、物体の慣性力を意識せず、物体を運動させる力maと物体に働く外力の総和Fが等しいとする運動方程式$ma=F$から考えました。

5-2節で紹介したように、機械力学の計算手法では、慣性力を使った、非慣性系での力のつり合い式から問題を考えることがあります。

以下に力の定義式$F=ma$から求めた慣性力を使った解法例を示します。

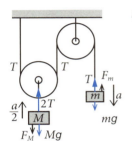

物体ごとに力のつり合い式をつくる

物体 m の慣性力　$F_m = ma$ ← 慣性力は加速度と逆向き
物体 m の力のつり合い
$$T = mg - F_m = m(g-a) \quad \cdots 式(1)$$

物体 M の慣性力　$F_M = M\dfrac{a}{2}$ ← 慣性力は加速度と逆向き
物体 M の力のつり合い
$$2T = Mg + F_M = M\left(g + \dfrac{a}{2}\right) \quad \cdots 式(2)$$

式(1)×2 = 式(2) として整理する

$2m(g-a) = M\left(g + \dfrac{a}{2}\right)$

$4mg - 4ma = 2Mg + Ma$

$4mg - 2Mg = Ma + 4ma \quad \cdots 式(3)$

$2g(2m-M) = a(4m+M)$

$$\therefore a = 2g\dfrac{2m-M}{4m+M} \quad \cdots 式(4)$$

式(4)を式(1)に代入して

$$T = m\left(g - 2g\dfrac{2m-M}{4m+M}\right) \quad \cdots 式(5)$$

運動の向き

式(4)、(5)は、質量$2m > M$として誘導した式です。それでは、$2m = M$、$2m < M$では、はじめから式をつくるのか、というと、そうではありません。

- $2m = M$とすると、式(4)で$a = 0$。つまり静止します。そして、式(5)で、張力$T = mg$になります。
- 左ページの例、$m = 2$ kg、$M = 3$ kgで、$a = 1.8$ m/s^{2}では、mが下降。
- $2m < M$とすると、$a < 0$です。つまり仮定した条件と逆にmが上昇します。

例として、$m = 2$ kg、$M = 6$ kgとすると$a = -2.8$ m/s^{2}でmが上昇します。このとき、張力$T = 25.2$ Nです。

練習問題　てこ・輪軸・滑車

問題1 定滑車にかけた糸の両端に、質量 $M = 1$ kg のおもりが下げられて、つり合っていた。左側に質量 m のおもりを加えたところ、加速度 $a = 1$ m/s^2 で運動した。糸の重さ、滑車の損失を考えずに、力のつり合い式から①張力 T、②質量 m を求めなさい。

> ◉ 考え方
> ・右側の力のつり合い式から張力 T、左側の力のつり合い式から質量 m を求めることができる。

問題2 前問で、質量 M、加速度 a を変数として、質量 m を求める運動方程式をつくり、前問の条件を使って m を求めなさい。

> ◉ 考え方
> ・運動方程式と力のつり合いから、式をつくることができる。

問題3 図の差動滑車で、$w = 10F$ の力の比をつくりたい。D に対する d の割合を求めなさい。

> ◉ 考え方
> ・差動滑車の力の式を $\dfrac{F}{w} = \dfrac{1}{10}$ に変形する。

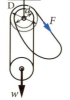

問題4 図のように、てこ、滑車、ばねを組み合わせたしくみがある。ばねは、10 N の荷重で 1 cm の変位をもつ。
荷重 w を点Aにつるしたとき、ばねが 2 cm 伸びてつり合いがとれた。しくみの損失がないものとして、①荷重 w を求めなさい。
次に、点Aに荷重 w を追加して $2w$ とした。②ばねに生じる弾性エネルギーの増加分を求めなさい。

> ◉ 考え方
> ・ばねの変位から荷重 w を求める。弾性エネルギーは、6-4節の式 (2)。

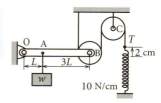

解答1

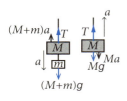

① 張力 T　右側の力のつり合いから
$$T = Mg + Ma = M(g+a) = 1 \times (9.8 + 1) = 10.8 \text{ N}$$

② 質量 m　左側の力のつり合いから
$$T = (M+m)g - (M+m)a = (M+m)(g-a)$$
$$M + m = \frac{T}{g-a} \quad \therefore m = \frac{T}{g-a} - M = \frac{10.8}{9.8-1} - 1 = 0.23 \text{ kg}$$

解　10.8 N、0.23 kg

解答2

左右の物体の運動の向きを正として運動方程式をつくる。

右側　　　$Ma = T - Mg$　　　…式(1)

左側　　$(M+m)a = -T + (M+m)g$　…式(2)

式(1) + 式(2)
$$\begin{aligned} Ma &= T - Mg \\ +)(M+m)a &= -T + (M+m)g \\ \hline 2Ma + ma &= mg \end{aligned}$$

$2Ma = m(g-a)$

$\therefore m = \dfrac{2Ma}{g-a} = \dfrac{2 \times 1}{9.8 - 1} = 0.23 \text{ kg}$

解　0.23 kg

解答3

$w = 10F$ から　$\dfrac{F}{w} = \dfrac{1}{10}$、　$F = w\dfrac{D-d}{2D}$　$\therefore \dfrac{F}{w} = \dfrac{D-d}{2D} = \dfrac{1}{10}$

$2D = 10D - 10d$,　$10d = 8D$　$\therefore d = 0.8D$

解　$d = 0.8D$、　d は D の 80%

解答4

①荷重 w

ばねが2 cm 伸びたので、張力 $T = ks = \boxed{10 \times 2} = 20$ N

> k ばね定数は、N/cm×cm になるので cm 単位で可

張力が動滑車の点 B に及ぼす力は、$2T$。

点 O を基準とした、てこの力のモーメントのつり合いは、

$wL = 2T \times 4L$　$\therefore w = 8T = 8 \times 20 = 160$ N

②弾性エネルギーの増加分

同じ荷重を追加したのだから、ばねの変位は、+2 cm。

> N、m、J に単位をそろえる

6-4 節の式 (2)　$U = \dfrac{1}{2}ks^2$　から　$\Delta U = \dfrac{1}{2} \times \underline{10 \times 10^2} \times \underline{(2 \times 10^{-2})^2} = 0.2$ J

解　160 N、0.2 J

6-11 斜面の仕事

斜面、てこ、輪軸、滑車などは、小さな力で仕事を行うことができます。斜面の摩擦による損失と斜面の仕事を考えます。

斜面の効率

6-1節で、摩擦のない斜面と摩擦のある斜面における仕事の例を考えました。

同じ大きさの力Fで、摩擦のない斜面で引き上げることのできる重量w_0と、摩擦のある斜面で引き上げることのできる重量wを比較して、斜面の効率を考えます。

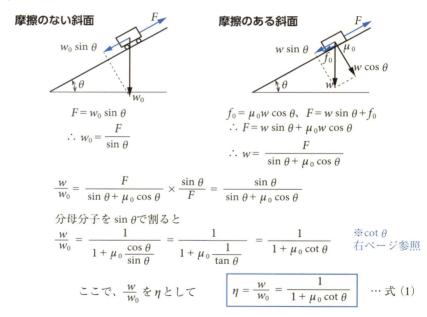

摩擦のない斜面で、力Fは重量w_0の物体を引き上げることができますが、摩擦のある斜面で、引き上げることのできる重量は、w_0よりも小さなwになります。

wをw_0で割った値ηは、**力Fに対する斜面の効率**と考えられます。

損失エネルギー

摩擦のない斜面と摩擦のある斜面で、力Fが斜面に沿って物体を距離sだけ引き上げたときの仕事を考えましょう。

傾角θ、斜面の長さsとして、高さh、水平距離xとすれば、
$$\sin\theta \cdot s = h, \quad \cos\theta \cdot s = x$$

● 摩擦のない斜面の仕事

↓位置エネルギー

$$W_0 = \boxed{Fs} = w_0 \sin\theta \cdot s = \boxed{w_0 h} \quad \cdots 式(2)$$

斜面上の仕事Fsが重力に対する鉛直の仕事$w_0 h$と等しく、仕事のすべてが、位置エネルギー$w_0 h$に変換された、効率1の仕事です。

● 摩擦のある斜面の仕事

位置エネルギー↓　　↓損失エネルギー

$$W = \boxed{Fs} = w\sin\theta \cdot s + \mu_0 w\cos\theta \cdot s = \boxed{wh} + \boxed{\mu_0 wx} \quad \cdots 式(3)$$

$\mu_0 wx$は、6-5節で考えた、保存されない摩擦力に対する仕事で、6-7節の損失エネルギーです。斜面上の仕事Fsのうち、有効な仕事は、whで、保存される位置エネルギーwhは、式(2)の$w_0 h$よりも損失エネルギー$\mu_0 wx$分小さくなります。

下図のように重量500 Nの物体を、高さ$h = 1$ mの点へ移動するのに、水平距離$x = 2$ m前の点から板を渡して斜面上をすべらせて移動させたとき、静摩擦係数$\mu_0 = 0.3$として、次のようになります。

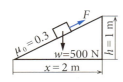

① 物体が得た位置エネルギーUは、垂直変位だけなので、　$U = wh = 500 \times 1 = \underline{500 \text{ J}}$

② 摩擦力に対する損失エネルギーは、水平変位だけなので、　$E' = \mu_0 wx = 0.3 \times 500 \times 2 = \underline{300 \text{ J}}$

③ 仕事の効率ηは、物体に与えた全エネルギーが、①+②なので、
$$\eta = \frac{U}{U + E'} = \frac{500}{500 + 300} = \underline{0.625 = 62.5\ \%}$$

※ $\cot\theta$（コタンジェントθ：余接）	$\tan\theta$の逆数
$\sec\theta$（セカントθ：正割）	$\cos\theta$の逆数
$\mathrm{cosec}\,\theta$（コセカントθ：余割）	$\sin\theta$の逆数　　詳細は1-19節

例題1

水平距離 $x = 10$ m で高さ $h = 5$ m の斜面を利用して物体を引き上げる。静摩擦係数 $\mu_0 = 0.3$ として効率を求めなさい。

$\dfrac{x}{h} = \cot\theta$

考え方

・6-11節の式 (1) から効率 η は、斜面の傾角と静摩擦係数で決まる。傾角は、未知でも、x と h から三角比がわかります。

解答例

6-11節の式 (1) $\eta = \dfrac{w}{w_0} = \dfrac{1}{1 + \mu_0 \cot\theta} = \dfrac{1}{1 + 0.3 \times \dfrac{10}{5}} = 0.625 = 62.5\ \%$

この例題は、前ページで例とした値です。

解 0.625 または 62.5 %

例題2

傾角 $\theta = 30°$ の斜面を使い、重量 $w = 100$ N の物体を水平な力 F で、斜面に沿って押し上げた。静摩擦係数 $\mu_0 = 0.3$ として、力 F を求めなさい。

考え方

・力 F の斜面に対する垂直分力は摩擦力を生む。

解答例

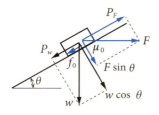

はじめに、条件からわかることを整理します。

斜面を垂直に押す力　$w\cos\theta + F\sin\theta$
$f_0 = \mu_0(w\cos\theta + F\sin\theta)$ …摩擦力
$P_F = F\cos\theta$ …押し上げる力
$P_w = w\sin\theta$ …すべり落ちる力
$P_F = P_w + f_0$ …力のつり合い

力のつり合いから　$F\cos\theta = w\sin\theta + \mu_0(w\cos\theta + F\sin\theta)$

$F\cos\theta - \mu_0 F\sin\theta = w\sin\theta + \mu_0 w\cos\theta$

$F(\cos\theta - \mu_0 \sin\theta) = w(\sin\theta + \mu_0 \cos\theta)$

$\therefore F = w\,\dfrac{\sin\theta + \mu_0\cos\theta}{\cos\theta - \mu_0\sin\theta}$　　右辺の分母、分子を $\cos\theta$ で割ると ←

$\therefore F = w\,\dfrac{\tan\theta + \mu_0}{1 - \mu_0\tan\theta} = 100 \times \dfrac{\tan 30° + 0.3}{1 - 0.3 \times \tan 30°} = 106$ N　　$\dfrac{\sin\theta}{\cos\theta} = \tan\theta$ を使う

解 106 N

例題3 例題2で、物体を斜面に沿って $s=1$ m 押し上げた。①有効な仕事、②損失した仕事、③仕事の効率を求めなさい。

> **😊考え方**
> ・有効な仕事は、位置エネルギーに変わる。摩擦に対して行った仕事が損失した仕事。

解答例

$W = ws \sin\theta = 100 \times 1 \times \sin 30° = 50$ J

$W' = f_0 s = \mu_0 (w\cos\theta + F\sin\theta)s$
$= 0.3 \times (100 \times \cos 30° + 106 \times \sin 30°) \times 1 = 41.9$ J

$\eta = \dfrac{W}{W_0} = \dfrac{W}{W+W'}$
$= \dfrac{50}{50+41.9}$
$= 0.544 = 54.4$ %

解 有効仕事 50 J、損失仕事 41.9 J、効率 54.4 %

⚙ 条件によって式は異なる

例題3の効率 η を、6-1節の式(1)で解くと、次のようになります。

$$\eta = \dfrac{1}{1+\mu_0 \cot\theta} = \dfrac{1}{1+0.3 \times \cot 30°} = \underline{0.658}$$

これは、上式が、斜面に平行な力からつくった式で、例題3では、水平力 F の斜面に対する平行分力、垂直分力が働くからです。

左の例題2の解答を使って、上式と同様の式をつくると次のようになります。

条件によって式は異なるので、注意しましょう。

●摩擦のない斜面　　●摩擦のある斜面

$w_0 = \dfrac{F\cos\theta}{\sin\theta}$ 、 $w = F\dfrac{1-\mu_0 \tan\theta}{\tan\theta + \mu_0}$

$\dfrac{w}{w_0} = F\dfrac{1-\mu_0 \tan\theta}{\tan\theta + \mu_0} \times \dfrac{\sin\theta}{F\cos\theta} = \dfrac{1-\mu_0 \tan\theta}{\tan\theta + \mu_0}\dfrac{\sin\theta}{\cos\theta}$

$\therefore \boxed{\eta = \dfrac{1-\mu_0 \tan\theta}{\tan\theta + \mu_0}\tan\theta} = \dfrac{1-0.3\times \tan 30°}{\tan 30° + 0.3}\tan 30° = \underline{0.544}$

　　　　　　　　　　　　　　　　　　　例題3の解と等しい

6-12 ねじと角ねじの効率

ねじは、部品を締結したり、回転運動から直線運動をつくりだすのに使われる基本的な機械要素で、斜面を応用したものです。

ねじと斜面

ねじは、円筒に斜面を巻き付けたものと考えます。ねじの凹凸を平均した円筒の直径を**有効径** d、ねじ山の間隔を**ピッチ** p、円筒に巻き付ける斜面の傾角を**リード角** θ とすれば、水平距離 πd、高さ p、傾角 θ の斜面が考えられます。リード角は、**つる巻き角**、**進み角**とも呼ばれます。

角ねじは、ねじジャッキや直進運動をつくる送りねじなどに使われます。三角ねじは締結の代表的な要素です。

図●ねじと斜面

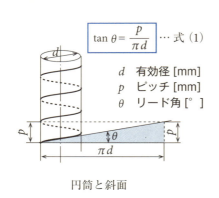
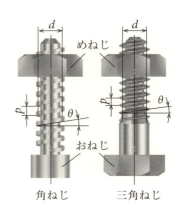

$$\tan \theta = \frac{p}{\pi d} \quad \cdots 式(1)$$

d　有効径 [mm]
p　ピッチ [mm]
θ　リード角 [°]

円筒と斜面　　　　　角ねじ　　三角ねじ

実用のメートル並目ねじM20×2.5と呼ばれるおねじは、有効径18.4 mm、ピッチ2.5 mmなので、リード角は、

$$\tan \theta = \frac{p}{\pi d} \quad \therefore \theta = \tan^{-1} \frac{p}{\pi d} = \tan^{-1} \frac{2.5}{\pi \times 18.4} = 2.5°$$

となり、傾角 $\theta = 2.5°$ の斜面として考えることができます。

角ねじの効率

ねじを斜面と考えると、前のページ例題2と例題3で考えた斜面上の物体に水平力を与えて移動させる問題が、おねじとめねじを相対的に回転させたことと同じと考えることができます。

角ねじは、軸方向に力を受けるので、例題3で求めた効率ηの算出式がそのまま、ねじの効率を求める次の式(2)として使えます。

ここで、静摩擦係数μ_0を5-10節で考えた摩擦角にϕを用いて$\mu_0 = \tan\phi$と表した式(3)を式(2)に代入して式(4)を得ます。

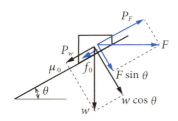

$$\eta = \frac{1 - \mu_0 \tan\theta}{\tan\theta + \mu_0} \tan\theta \quad \cdots 式(2)$$

静摩擦係数μ_0を摩擦角ϕで表して、

$$\mu_0 = \tan\phi \quad \cdots 式(3)$$

式(3)を式(2)に代入して

$$\eta = \frac{1 - \tan\phi \tan\theta}{\tan\theta + \tan\phi} \tan\theta$$

$$= \frac{1}{\tan(\theta + \phi)} \tan\theta$$

ここで、**三角関数の加法定理**

$$\tan(\alpha \pm \beta) = \frac{\tan\alpha \pm \tan\beta}{1 \mp \tan\alpha \tan\beta}$$ から

加法定理右辺の逆数

$$\therefore \eta = \frac{\tan\theta}{\tan(\theta + \phi)} \quad \cdots 式(4)$$

例題 有効径$d = 18$ mm、ピッチ$p = 4$ mm、静摩擦係数$\mu_0 = 0.1$の角ねじの効率を求めなさい。

◎考え方
・式(2)で、三角比$p/\pi d$を$\tan\theta$として利用する。

解答例

$$\tan\theta = \frac{p}{\pi d} = \frac{4}{\pi \times 18} = 0.071$$

$$\eta = \frac{1 - \mu_0 \tan\theta}{\tan\theta + \mu_0} \tan\theta = \frac{1 - 0.1 \times 0.071}{0.071 + 0.1} \times 0.071 = 0.412$$

解 0.412、41.2 %

6-13 角ねじと三角ねじ

ねじジャッキや工作機械の送りねじなど、物体に変位を与える用途に角ねじが使われます。ねじ山形状の違いによって、同じ材質でも摩擦係数が異なります。

角ねじをもとにした三角ねじの静摩擦係数

角ねじは、軸方向の力wを軸に垂直な面で受けて、接触面に力wと静摩擦係数μ_0との積として、摩擦力$f_0 = \mu_0 w$が発生します。

同じ大きさの力wを受ける、ねじ山の角度βの三角ねじでは、拡大された力$\dfrac{w}{\cos(\beta/2)}$がねじ山の円すい面と直角に働き、摩擦力$f_0' = \mu_0 \dfrac{w}{\cos(\beta/2)}$が発生します。

この関係から、三角ねじの静摩擦係数を次のように補正して考えます。

角ねじの接触面

三角ねじの接触面

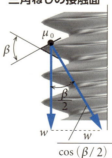

三角ねじの摩擦力

$$f_0' = \mu_0 \frac{w}{\cos(\beta/2)}$$
$$= \frac{\mu_0}{\cos(\beta/2)} w$$

ここで、
$$\frac{\mu_0}{\cos(\beta/2)} = \mu_0'$$

とすれば、
$$f_0' = \mu_0' w$$

角ねじの摩擦力 $f_0 = \mu_0 w$

$f_0' > f_0$ なので、$\mu_0' > \mu_0$ となり、見かけ上の静摩擦係数が増加します。標準の三角ねじでは、$\beta = 60°$なので、

$$\mu_0' = \frac{\mu_0}{\cos(\beta/2)} = \frac{\mu_0}{\cos 30°} = 1.15\mu_0$$

三角ねじの静摩擦係数は、接触面の静摩擦係数μ_0の1.15倍程度です。

例題 メートル並目ねじM20×2.5の有効径 $d = 18.4$ mm、ピッチ $p = 2.5$ mm、静摩擦係数 $\mu_0' = 0.12$ とする。効率を求めなさい。

> **考え方**
> ① 6-12節の説明で、リード角 $\theta = 2.5°$。これを利用して式(2)を使う。
> ② $\mu_0' = \tan\phi$ から $\phi = \tan^{-1}\mu_0'$ を式(4)に代入して求める。

解答例

① 式(2)から
$$\eta = \frac{1 - \mu_0' \tan\theta}{\tan\theta + \mu_0'} \tan\theta = \frac{1 - 0.12 \times \tan 2.5°}{\tan 2.5° + 0.12} \times \tan 2.5° = 0.265$$

② $\phi = \tan^{-1}\mu_0'$ を式(4)に代入
$$\eta = \frac{\tan\theta}{\tan(\theta + \phi)} = \frac{\tan 2.5°}{\tan(2.5° + \tan^{-1} 0.12)} = 0.265$$

解 0.265、26.5 %

角ねじと三角ねじの用途

上の例題で三角ねじの効率0.265、前ページ6-12節の例題で角ねじの効率0.412という結果を得ました。

式(4)からねじの効率は、リード角 θ が大きいほど高くなります。リード角は、ねじの有効径とピッチで決まるので、同じ直径のねじであれば、ピッチが大きいほど効率が高くなります。

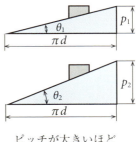

ピッチが大きいほど効率が高い

後の項目で触れますが、ここまでの本書の説明から、ピッチが大きいほど、仕事あるいは、位置エネルギーが大きいと解釈できます。

製造方法から、同一の有効径では、三角ねじよりも角ねじの方が大きなピッチをつくることができます。例として、呼び径10 mmのねじでは、三角ねじのピッチ1.5 mm、角ねじのピッチ2.8 mmなどです。

効率の高い角ねじは移動用に、効率の低い三角ねじは締結用に使われます。

6-14 ねじを回す力

ねじを締める力は、斜面上の物体を押し上げる水平力です。ねじを緩める力は物体を引き下げる水平力として考えます。

◎ ねじを締める力

斜面上の物体を押し上げる水平力からねじを締める力を求めます。6-11節の例題2で求めた水平力 F を摩擦角 ϕ で表し、三角関数の加法定理でまとめています。

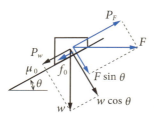

ねじを締める
（押し上げる）とき

斜面に沿った力のつり合いから

$F \cos\theta = w \sin\theta + \mu_0 (w \cos\theta + F \sin\theta)$

$F(\cos\theta - \mu_0 \sin\theta) = w(\sin\theta + \mu_0 \cos\theta)$

$\therefore F = w \dfrac{\sin\theta + \mu_0 \cos\theta}{\cos\theta - \mu_0 \sin\theta}$

$\therefore F = w \dfrac{\tan\theta + \mu_0}{1 - \mu_0 \tan\theta}$

― 分母、分子を $\cos\theta$ で割り、$\dfrac{\sin\theta}{\cos\theta} = \tan\theta$ を使う

$\mu_0 = \tan\phi$ を代入して、加法定理から

$\therefore \boxed{F = w \dfrac{\tan\theta + \tan\phi}{1 - \tan\phi \tan\theta} = w \tan(\phi + \theta)}$ … 式(1)

↑
$\tan(\alpha + \beta) = \dfrac{\tan\alpha + \tan\beta}{1 - \tan\alpha \tan\beta}$ より

◎ ねじを緩める力

締める場合と水平力 F が逆向きになります。誘導は式(1)と同じです。

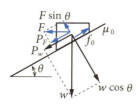

ねじを緩める
（引き下げる）とき

斜面に沿った力のつり合いから

$F \cos\theta + w \sin\theta = \mu_0 (w \cos\theta - F \sin\theta)$

$F(\cos\theta + \mu_0 \sin\theta) = w(\mu_0 \cos\theta - \sin\theta)$

$\therefore F = w \dfrac{\mu_0 - \tan\theta}{1 + \mu_0 \tan\theta}$

$\therefore \boxed{F = w \dfrac{\tan\phi - \tan\theta}{1 + \tan\phi \tan\theta} = w \tan(\phi - \theta)}$ … 式(2)

例題 有効径 $d = 14.7$ mm、リード角 $\theta = 2.5°$、摩擦角 $\phi = 5.7°$ のメートル並目ねじ M16×2 を、長さ $L = 300$ mm のスパナで、① 軸方向に $w = 10$ kN の力で締め付けるのに必要な力 P、② このねじを緩めるのに必要な力 P' を求めなさい。

✪ 考え方
- 力 P、P' がスパナに与えるモーメント、PL、$P'L$ と、
- ねじが受ける力 F と有効径の半径 $d/2$ による力のモーメントが等しい。

解答例

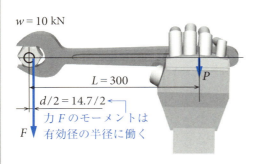

スパナとねじ部の力のモーメントのつり合い

$$PL = F \times \frac{d}{2} \quad \therefore P = \frac{Fd}{2L}$$

ねじ部に必要な力 F

① 締めるとき
$$F = w \tan(\phi + \theta)$$

② 緩めるとき
$$F = w \tan(\phi - \theta)$$

①締める力 P

$$P = \frac{Fd}{2L} = \frac{dw\tan(\phi+\theta)}{2L} = \frac{14.7 \times 10 \times 10^3 \times \tan(5.7° + 2.5°)}{2 \times 300}$$

（kN を N へ）

$$= 35.3 \text{ N}$$

②緩める力 P'

$$P' = \frac{Fd}{2L} = \frac{dw\tan(\phi-\theta)}{2L} = \frac{14.7 \times 10 \times 10^3 \times \tan(5.7° - 2.5°)}{2 \times 300}$$

$$= 13.7 \text{ N}$$

解 締めるとき 35.3 N、緩めるとき 13.7 N

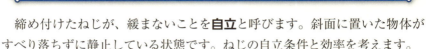

6-15 ねじの自立と効率

締め付けたねじが、緩まないことを**自立**と呼びます。斜面に置いた物体がすべり落ちずに静止している状態です。ねじの自立条件と効率を考えます。

ねじの自立

ねじを緩めるということは、斜面に置かれた荷物を水平な力で引き下ろすのと同じです。

斜面上の物体の図から、自立条件を考えてみましょう。

① 傾角 θ が小さいとき、物体は静止しています。これが自立です。

② 傾角 θ を増して摩擦角 ϕ に達するとすべり落ちます。ということは、$\boxed{\phi > \theta}$ がねじの自立条件になります。

③ ϕ 未満の傾角で、物体がすべり落ちるのに不足な角度 $\phi - \theta$ の斜面を考えます。この斜面で物体がすべり落ちるとして、その瞬間の斜面に沿った w の分力を P とします。しかし実際には物体はすべり落ちません。そこで、斜面に沿った分力 P を持つ水平力 F を物体に作用させると、すべり落ちるのに不足な力 P が外部から与えられるので、物体を引き下ろすことができると考えます。

図から、F の大きさは、$w \tan(\phi - \theta)$ です。

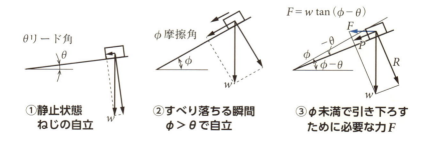

①静止状態 ねじの自立 　②すべり落ちる瞬間 $\phi > \theta$ で自立 　③ϕ 未満で引き下ろすために必要な力 F

6-14節の式（2）で求めた F は、斜面から物体を引き下ろす、つまり、ねじを緩めるために必要な力です。F が正のとき、ねじは自立状態にあるので、

$F = w \tan(\phi - \theta) > 0 \quad \therefore \boxed{\phi > \theta}$ がねじの自立条件です。

効率の考え方2

6-12節で、ねじの効率を、押し上げることのできる荷重の比から求めました。

ここで、ねじの効率を斜面の仕事で得られる変位から求めてみましょう。これは、6-11節の考え方です。

ねじに力Fを与えて1回転させる仕事は$F\pi d$、ねじは荷重wにピッチpの変位を与えるので、行った仕事はwp、この2つの仕事の比が効率になります。

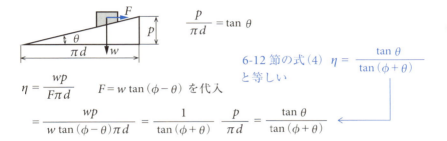

$$\frac{p}{\pi d} = \tan\theta$$

6-12節の式(4) $\eta = \dfrac{\tan\theta}{\tan(\phi+\theta)}$ と等しい

$$\eta = \frac{wp}{F\pi d} \quad F = w\tan(\phi-\theta) \text{を代入}$$

$$= \frac{wp}{w\tan(\phi-\theta)\pi d} = \frac{1}{\tan(\phi+\theta)} \cdot \frac{p}{\pi d} = \frac{\tan\theta}{\tan(\phi+\theta)}$$

斜面の摩擦を考えないとする場合、$\mu_0 = \tan\phi = 0$から$\phi = 0°$となるので、

$$\eta = \frac{\tan\theta}{\tan(\phi+\theta)} = \frac{\tan\theta}{\tan(0+\theta)} = \frac{\tan\theta}{\tan\theta} = 1$$

効率は、1です。

ねじの自立条件と効率

ねじの自立条件$\phi > \theta$から、$\phi = \theta$が自立の限界(**中立**)ですから、

$$\eta = \frac{\tan\theta}{\tan(\phi+\theta)} = \frac{\tan\theta}{\tan(\theta+\theta)} = \frac{\tan\theta}{\tan 2\theta} \quad \theta \text{が微小なとき}$$

$$\fallingdotseq \frac{\tan\theta}{2\tan\theta} = 0.5$$

効率0.5未満が、自立することのできるねじで、効率が低いほど、緩みにくいねじといえます。

6-13節の例題のとおり、三角ねじは効率が低いので、緩みにくいため、締結用に使われるのです。

練習問題 斜面・ねじ

問題1 有効径 $d = 25$ mm、ピッチ $p = 5$ mm のねじジャッキと有効長さ $L = 400$ mm のスパナを使って、荷重 $w = 15$ kN を変位 $h = 50$ mm 押し上げた。ねじの摩擦角 $\phi = 5.7°$ として、①スパナに与えた力 P、②人の行った仕事 W_0、③有効な仕事 W、④ジャッキの効率 η を求めなさい。

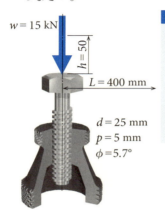

○ 考え方
- 6-14節の例題を参照。はじめに、リード角 θ を求める。
- 変位とピッチから、ねじの回転量がわかり、仕事がわかる。
- 効率は、ジャッキが受けた仕事とジャッキが行った仕事の比。
  または、リード角 θ と摩擦角 ϕ の比。

問題2 頂角 $2\theta = 20°$ のくさびの打ち込みで、くさび側面への垂直力 N を 200 N と想定する。静摩擦係数 $\mu_0 = 0.3$ として、①くさびに与える力 F、②くさびが自然に抜けなることのない頂角の最大角度 2θ を求めなさい。

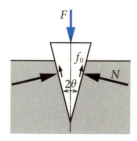

○ 考え方
- 傾角 θ、力 $F/2$ の斜面と考える。くさび側面の垂直力 N は摩擦力を生む。
- くさびは、頂角が大きすぎると抜けてしまう。くさびの自立条件を考える。

解答 1

リード角 $\theta = \tan^{-1}\dfrac{p}{\pi d} = \tan^{-1}\dfrac{5}{\pi \times 25} = 3.6°$

$PL = F \times \dfrac{d}{2}$　∴ $P = \dfrac{Fd}{2L}$　　$F = w\tan(\phi + \theta)$

$P = \dfrac{Fd}{2L} = \dfrac{dw\tan(\phi+\theta)}{2L} = \dfrac{25 \times 15 \times 10^3 \times \tan(5.7° + 3.6°)}{2 \times 400} = \underline{76.8\text{ N}}$　　kN を N へ

ピッチ 5 mm、変位 50 mm から、ねじは 10 回転必要とする。仕事 W_0 は、力 P が、半径 L の円周 10 回転分の水平距離に働いた量とする。

$W_0 = 10P \times 2\pi L = 10 \times 76.8 \times 2\pi \times 0.4 = \underline{1930\text{ J}}$　　0.4 m

ねじジャッキの仕事は、荷重 w を鉛直変位 h 押し上げたこと。

$W = wh = 15 \times 10^3 \times 50 \times 10^{-3} = \underline{750\text{ J}}$　　mm を m へ

効率 $\eta = \dfrac{W}{W_0} = \dfrac{750}{1930} = \underline{0.389}$　← θ、P、W_0 の近似値解による累積誤差
近似値を使わなければ、両式 $\eta = 0.387$

または、$\eta = \dfrac{\tan\theta}{\tan(\phi+\theta)} = \dfrac{\tan 3.6°}{\tan(5.7° + 3.6°)} = \underline{0.384}$　←

解　$P = 76.8$ N、$W_0 = 1930$ J、$W = 750$ J、$\eta = 0.389$ または 0.384

解答 2

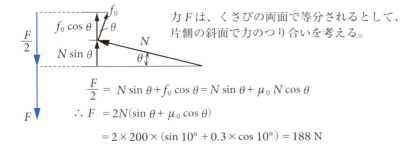

$\dfrac{F}{2} = N\sin\theta + f_0\cos\theta = N\sin\theta + \mu_0 N\cos\theta$

∴ $F = 2N(\sin\theta + \mu_0\cos\theta)$

$= 2 \times 200 \times (\sin 10° + 0.3 \times \cos 10°) = 188$ N

傾角 θ の斜面、リード角 θ のねじの自立条件は、摩擦角 ϕ として、$\phi > \theta$。
$\mu_0 = 0.3$ から $\phi = \tan^{-1} 0.3 = 16.7°$、∴頂角の最大角度 $2\theta = 2 \times 16.7 = 33.4°$

解　188 N、33.4°

column

思考実験

「力を与えて、ものを動かす」力学における仕事の定義は実に明瞭です。

そして、ちょっと注意をすれば、機械工学という観点から仕事、動力、エネルギーに関する事柄を、私たちの日常で容易に体験したり観察することができます。

エレベータに乗ったときの運動や慣性力は、力学の定番とする問題です。これを一歩進めて、エレベータのしくみとエレベータを動かすモーターの動力まで考えれば、機械工学の問題になります。現在のエレベータは、ロープとつり合いおもりを使って重量のバランスをとるものが主流です。つり合いおもりは、定員のおよそ半分のときにバランスがとれる重量に設定されます。

つまり、乗客が少なくて下降するとき、乗客が多くて上昇するときにエレベータは、荷重を引き上げることになるので、大きな動力が必要となります。

自転車に乗るとき、スタート直後はペダルをこぐために動力を使います。その後は慣性走行を行って、止まるときには、ブレーキで負の仕事を与えて停止します。また、重い荷物を載せていると、加速・減速に必要とされるエネルギーの違いを体で感じることができ、慣性走行の勢いから運動量や運動エネルギーの大きなことを感じ取れます。

自動車を運転される方ならば、ねじジャッキを使ったことがあると思います。片側とはいえ、車体を持ち上げるという仕事を人間の力で行うことができるのはすごいことではないでしょうか。

ジャッキのクランク長さからおねじに与えるトルクが設定できます。そのトルクをもとに、めねじが受ける力を割り出せます。めねじが受けた力はリンクで分解され、倍力作用によって、車体を押し上げます。

上記3つの例は、6章までの説明で、ほぼ考えることのできる内容です。

実際に現象を測定できなくても、考えられる条件をそろえてシミュレーションする手法を思考実験と呼びます。

思考実験は、力学を学習する上で、思いのほか効果のあることです。皆さんの身近な例を採り上げて思考実験してみてはいかがでしょう。

第7章
機械の運動

機械力学の原点は、ニュートン力学を基本として、機械の動きを考えることです。6章までの基礎的な内容を基に、機構学、流体機械などを含めて、機械の運動を考える例を紹介します。

- 7-1 　回転体と慣性モーメント
- 7-2 　角運動量とトルク
- 7-3 　等角加速度運動
- 練習問題●慣性モーメント
- 7-4 　4節リンク機構の運動
- 7-5 　クランク—レバ機構
- 7-6 　スライダークランク機構
- 練習問題●4節リンク
- 7-7 　機械と流体
- 7-8 　パスカルの原理と仕事
- 7-9 　流体の運動とベルヌーイの定理
- 7-10 遠心力を利用したポンプ
- 練習問題●機械と流体
- column●機械をつくるための機械力学

7-1 回転体と慣性モーメント

機械には多くの回転部品があります。私たちは、大きなコマが小さなコマより長時間回転することを経験的に理解しています。回転に関する慣性を考えます。

◉ 回転体の運動エネルギーと慣性モーメント

角速度ωの回転軸を中心として、半径r_1、r_2、r_3、…、質量m_1、m_2、m_3、…の物体からなる回転体の運動エネルギーEをもとに、回転体の慣性について考えます。

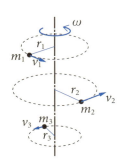

質量m、半径rの回転体の運動エネルギーEは、

$$\begin{cases} 4\text{-}11節の式(3) & v = r\omega & \cdots 式(1) \\ 6\text{-}3節の式(1) & T = E = \dfrac{1}{2}mv^2 & \cdots 式(2) \end{cases}$$

式(1)、(2)から $\boxed{E = \dfrac{1}{2}m(r\omega)^2}$ …式(3)

回転体全体の運動エネルギーE

$$E = \frac{1}{2}m_1(r_1\omega)^2 + \frac{1}{2}m_2(r_2\omega)^2 + \frac{1}{2}m_3(r_3\omega)^2 + \cdots$$

$$= \frac{1}{2}\omega^2\left(m_1 r_1^2 + m_2 r_2^2 + m_3 r_3^2 + \cdots\right)$$

ここで、$\boxed{m_1 r_1^2 + m_2 r_2^2 + m_3 r_3^2 + \cdots = I}$ …式(4)として、$\boxed{E = \dfrac{1}{2}\omega^2 I}$ …式(5)

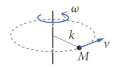

物体の全質量Mが半径kの位置にあると考えて、式(4)から、

$$\boxed{I = Mk^2 \therefore k = \sqrt{\dfrac{I}{M}}} \cdots 式(6)$$

v 周速度 [m/s]	ω 角速度 [rad/s]	m、M 質量 [kg]
E 運動エネルギー [J]	I 慣性モーメント [kg m²]	k 回転半径 [m]

Iを**慣性モーメント**、kを**回転半径**と呼びます。慣性モーメントは、回転運動に対する物体の慣性の大きさを示し、私たちが経験しているように、回転半径が大きいほど慣性が大きくなります。

慣性モーメントの値

密度が一定で定型な物体の慣性モーメントの例を挙げます。

図●慣性モーメントの例

$I = \dfrac{1}{3} ML^2$

$I = \dfrac{1}{12} ML^2$

$I = \dfrac{1}{16} MD^2$

$I = \dfrac{1}{10} MD^2$

$I_z = \dfrac{1}{8} MD^2$
$I_x = \dfrac{1}{4} M \left(\dfrac{D^2}{4} + \dfrac{L^2}{3} \right)$

$I_z = \dfrac{1}{8} M(D_1^2 + D_2^2)$
$I_x = \dfrac{1}{4} M \left(\dfrac{D_1^2 + D_2^2}{4} + \dfrac{L^2}{3} \right)$

$I_z = \dfrac{1}{12} M(A^2 + B^2)$
$I_x = \dfrac{1}{12} M(B^2 + C^2)$

例題　直径 $D = 500$ mm、厚さ $H = 100$ mm の軟鋼製の円板がモーターの電力量 $W = 30$ Wh（ワットアワー、ワット時）を受けて回転している。

軟鋼の密度 $\rho = 7800$ kg/m³ として、回転数 n [rpm] を求めなさい。

⚙ 考え方
- 円板の質量、慣性モーメント、回転数を式(5)に代入して式をつくる。
- 電力量 $W = 30$ Wh は、30 W の動力が1時間（60^2 秒）で与えるエネルギー E に等しい。$E = 30 \times 60^2$ J。

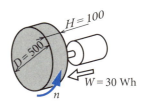

解答例

　　　　　　　　↓円の面積、質量は 153.2 kg

円板の質量　$M = \rho \dfrac{\pi D^2}{4} H$、　慣性モーメント $I = \dfrac{1}{8} MD^2$、　回転数 $\omega = \dfrac{2\pi n}{60}$

∴ 運動エネルギー　$E = \dfrac{1}{2} \omega^2 I = \dfrac{1}{2} \dfrac{4\pi^2 n^2}{60^2} \dfrac{1}{8} \dfrac{\rho \pi D^2 H}{4} D^2 = \dfrac{\pi^3 n^2 \rho D^4 H}{16 \times 60^2}$

　　　　　　　　　　　　↓運動エネルギー E

∴ $n = \sqrt{E \dfrac{16 \times 60^2}{\pi^3 \rho D^4 H}} = \sqrt{\dfrac{30 \times 60^2 \times 16 \times 60^2}{\pi^3 \times 7800 \times 0.5^4 \times 0.1}} = 2029$ rpm

　　　　　　　　　　　　↑長さの単位は m

解　2029 rpm

7-2 角運動量とトルク

　直線運動に力が働くと運動が変化するように、回転運動に力が働けば運動が変化します。直線運動の運動量と対比させて回転運動の変化を考えます。

◎ 角運動量の変化とトルク

　回転運動する物体のもつ運動量のモーメントを、物体の勢いを表す量と考え、**角運動量**と呼びます。角運動量はトルクによって変化します。

　半径 r、角速度 ω_0 で円運動する質量 m の物体に、接線方向の力 F が t 秒間作用して、角速度が ω に変化したとき、運動変化を次のように考えます。

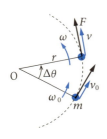

物体の運動量 $p = mv$ が、点 O に対してもつモーメント

$$L = rmv = rmr\omega = \omega mr^2 = \boxed{I\omega} \quad \cdots 式(1) \quad L \text{ 角運動量}$$

角速度変化 $\omega - \omega_0$ が t 秒間で行われたので、

$$\boxed{\frac{\omega - \omega_0}{t} = \dot{\omega}} \quad \cdots 式(2) \quad \text{角加速度}$$

力 F の点 O に対するトルク $T = rF$

物体の慣性モーメント I に角加速度 $\dot{\omega}$ を生じさせた原因は、トルク T として、 $\boxed{I\dot{\omega} = T} \quad \cdots 式(3) \quad$ **角運動方程式**

式(2)、(3)から $\quad I\dot{\omega} = I\dfrac{\omega - \omega_0}{t} = T \quad \therefore \boxed{I\omega - I\omega_0 = Tt} \quad \cdots 式(4) \quad Tt \text{ 角力積}$

角運動量の変化は、与えた角力積に等しい

直線運動と回転運動は似ています。

表●直線運動と回転運動の比較

	直線運動	回転運動
運動方程式	$ma = F$	$I\dot{\omega} = T$
運動量	$p = mv$	$L = I\omega$
エネルギー	$\dfrac{1}{2}mv^2$	$\dfrac{1}{2}\omega^2 I$
力積	Ft	Tt

L　角運動量 [kg m²/s、N m s、J s]
I　慣性モーメント [kg m²]
ω　角速度 [rad/s]
$\dot{\omega}$　角加速度 [rad/s²]
F　力 [N]、 r　半径 [m]
T　トルク [N m]
Tt　角力積 [kg m²/s、N m s、J s]

例題 図のフライホイールが、静止から始動10秒後に $n = 200$ rpm になった。

①与えられたトルク T、②回転半径 k を求めなさい。フライホイールは、鋳鉄製で密度 $\rho = 7300$ kg/m³ とする。

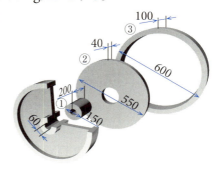

考え方
- 一体のフライホイールを①、②、③に分割し、それぞれの質量、慣性モーメントの合計が全体の質量と慣性モーメントになる。
- ①、②、③の外径 D_i、内径 d_i、高さ H_i として、M_i、I_i を求める。

解答例

①、②、③の質量 M_i と慣性モーメント I_i を個別に求める。

$$\begin{cases} M_1 = \rho \frac{\pi}{4}(D_1^2 - d_1^2)H_1 = 7300 \times \frac{\pi}{4}(0.15^2 - 0.06^2) \times 0.2 = 21.7 \text{ kg} \\ M_2 = \rho \frac{\pi}{4}(D_2^2 - d_2^2)H_2 = 7300 \times \frac{\pi}{4}(0.55^2 - 0.15^2) \times 0.04 = 64.2 \text{ kg} \\ M_3 = \rho \frac{\pi}{4}(D_3^2 - d_3^2)H_3 = 7300 \times \frac{\pi}{4}(0.6^2 - 0.55^2) \times 0.1 = 33.0 \text{ kg} \\ M = M_1 + M_2 + M_3 = 21.7 + 64.2 + 33 = 118.9 \text{ kg} \end{cases}$$

$$\begin{cases} I_1 = \frac{1}{8}M_1(D_1^2 + d_1^2) = \frac{1}{8} \times 21.7 \times (0.15^2 + 0.06^2) = 0.070 \text{ kg m}^2 \\ I_2 = \frac{1}{8}M_2(D_2^2 + d_2^2) = \frac{1}{8} \times 64.2 \times (0.55^2 + 0.15^2) = 2.61 \text{ kg m}^2 \\ I_3 = \frac{1}{8}M_3(D_3^2 + d_3^2) = \frac{1}{8} \times 33 \times (0.6^2 + 0.55^2) = 2.73 \text{ kg m}^2 \\ I = I_1 + I_2 + I_3 = 0.07 + 2.61 + 2.73 = 5.41 \text{ kg m}^2 \end{cases}$$

式(2)から 角加速度 $\dot{\omega} = \dfrac{\omega - \omega_0}{t} = \dfrac{2\pi n}{60 t}$ ($\omega_0 = 0$, $\omega = \dfrac{2\pi n}{60}$)

式(3)から $T = I\dot{\omega} = I\dfrac{2\pi n}{60t} = 5.41 \times \dfrac{2\pi \times 200}{60 \times 10} = 11.3$ N m

7-1節の式(6)から 回転半径

$k = \sqrt{\dfrac{I}{M}} = \sqrt{\dfrac{5.41}{118.9}} = 0.21$ m ↓直径 420 mm

解 11.3 N m、0.21 m

7-3 等角加速度運動

一定の角加速度が働く回転運動を**等角加速度運動**と呼び、直線運動の等加速度運動と同様に考えることができます。

等加速度運動と等角加速度運動

4章の等加速度運動と関連させて次のように考えましょう。

等加速度運動　　　　　　　　　　**等角加速度運動**

$$a = \frac{v - v_0}{t}$$ … 式(1)　　　　$$\dot{\omega} = \frac{\omega - \omega_0}{t}$$ … 式(1)

$$v = v_0 + at$$ … 式(2)　　　　$$\omega = \omega_0 + \dot{\omega} t$$ … 式(2)

$$s = v_0 t + \frac{1}{2} a t^2$$ … 式(3)　　　　$$\theta = \omega_0 t + \frac{1}{2} \dot{\omega} t^2$$ … 式(3)

$$2as = v^2 - v_0^2$$ … 式(4)　　　　$$2\dot{\omega}\theta = \omega^2 - \omega_0^2$$ … 式(4)

- v_0　初速度 [m/s]
- v　終速度 [m/s]
- t　時間 [s]
- a　加速度 [m/s^2]
- s　距離 [m]

- ω_0　変化前の角速度 [rad/s]
- ω　変化後の角速度 [rad/s]
- t　時間 [s]
- $\dot{\omega}$　角加速度 [rad/s^2]
- θ　回転角 [rad]

例題　次の摩擦ブレーキ装置で、全体の慣性モーメント$I = 10$ kg m^2、回転数$n = 200$ rpmの回転体に力Fを与えて30秒間で停止させた。ブレーキ面の静摩擦係数$\mu_0 = 0.3$として、①制動トルクT、②力F、③ブレーキをかけてから停止するまでの回転回数Nを求めなさい。

😊 考え方

- 角加速度と角運動方程式からトルク T を求めます。
- ブレーキ接触面の摩擦力が制動トルクをつくる外力となります。
- ブレーキをかけてから停止するまでの運動は、等角加速度運動です。

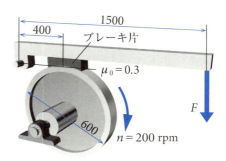

解答例

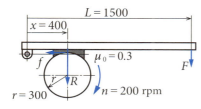

各量の名称を左図のように付けます。

- R　ブレーキ片が回転体を押す力
- f　ブレーキ面の摩擦力

$$f = R\mu_0 \quad \cdots ①$$

レバの力のモーメントのつり合いから　$FL = Rx \;\; \therefore\; R = F\dfrac{L}{x} \quad \cdots ②$

①制動トルク T

停止するので、$\omega = 0$

7-3 節の式 (1) から 角加速度　$\dot{\omega} = \dfrac{\omega - \omega_0}{t} = -\dfrac{2\pi n}{60 t}$　　－は、制動

7-2 節の式 (3) から　$T = I\dot{\omega} = -I\dfrac{2\pi n}{60 t} = -10 \times \dfrac{2\pi \times 200}{60 \times 30} = \underline{-7.0\,\text{N m}}$

②力 F

制動トルク　$T = fr$　に式①、②を代入する

長さ mm を m へ

$T = fr = R\mu_0 r = F\dfrac{L}{x}\mu_0 r \qquad \therefore\; F = T\dfrac{x}{L\mu_0 r} = \dfrac{7 \times 0.4}{1.5 \times 0.3 \times 0.3} = \underline{20.7\,\text{N}}$

③停止するまでの回転回数 N

7-3 節の式 (4) から回転角 θ を求める。

$$\theta = \dfrac{\omega^2 - \omega_0^2}{2\dot{\omega}} = -\dfrac{\omega_0^2}{2\dot{\omega}} = -\dfrac{1}{2} \times \left(\dfrac{2\pi n}{60}\right)^2 \times \left(-\dfrac{60 t}{2\pi n}\right) = \dfrac{\pi n t}{60}\;[\text{rad}]$$

回転角 θ を回転回数 N に換算する。

$$N = \dfrac{\theta}{2\pi} = \dfrac{\pi n t}{60}\dfrac{1}{2\pi} = \dfrac{n t}{120} = \dfrac{200 \times 30}{120} = \underline{50\,\text{回転}}$$

解　7 N m、20.7 N、50 回転

練習問題　　慣性モーメント

問題1　回転半径 $k = 0.3$ m、質量 $M = 300$ kg、回転数 $n_0 = 100$ rpm の回転体に、トルク $T = 50$ N m が働いて、回転数 $n = 300$ rpm になった。トルクの働いた時間を求めなさい。

> ● 考え方
> ・回転半径と質量から慣性モーメント、角力積から時間を求める。

問題2　質量 $M = 6$ kg、長さ $L = 1$ m の棒材の中心を回転軸として、中心から $x = 300$ mm の点に、棒材と垂直な力 $F = 10$ N を与えた。角加速度を求めなさい。

> ● 考え方
> ・棒材の慣性モーメントとトルクから、角運動方程式を使う。

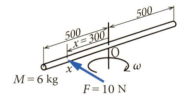

問題3　$n_0 = 200$ rpm で回転している、直径 $D = 0.8$ m、質量 $M = 125$ kg のフライホイールに、制動トルク $T = 5$ N m が10秒間働いた。減速後の回転数 n を求めなさい。

> ● 考え方
> ・角力積から角運動量の変化を求める。

問題4　直径 D、半径 r、質量 M の球が、傾角 θ の斜面をすべらずに回転するとき、加速度 a を求めなさい。

> ● 考え方
> ・直線運動の運動方程式と角運動方程式をつくる。
> ・$v = r\omega$ から $a = r\dot{\omega}$、$\dot{\omega}$ を消去して加速度 a を求める。

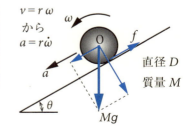

解答1

7-1 節の式 (6)　$I = Mk^2$

7-2 節の式 (4)　$I\omega - I\omega_0 = Tt$

$$\therefore t = \frac{I}{T}(\omega - \omega_0) = \frac{Mk^2}{T}\frac{2\pi}{60}(n - n_0) = \frac{300 \times 0.3^2 \times 2\pi(300 - 100)}{50 \times 60} = 11.3 \text{ 秒}$$

（$\omega = \frac{2\pi n}{60}$）

解　11.3 秒

解答2

7-1 節の慣性モーメントの値から　$I = \dfrac{ML^2}{12}$

7-2 節の式 (3)　$I\dot{\omega} = T$　$\therefore \dot{\omega} = \dfrac{T}{I} = \dfrac{12Fx}{ML^2} = \dfrac{12 \times 10 \times 0.3}{6 \times 1^2} = 6 \text{ rad/s}^2$

解　6 rad/s²

解答3

7-1 節の慣性モーメントの値から　$I = \dfrac{MD^2}{8}$

7-2 節の式 (4)　$I\omega - I\omega_0 = Tt$　から　$I\omega = Tt + I\omega_0$

$$\therefore \omega = \frac{Tt + I\omega_0}{I} = \frac{Tt}{I} + \omega_0 = \frac{8Tt}{MD^2} + \frac{2\pi n_0}{60} = \frac{2\pi n}{60}$$

↓制御トルクは−

$$\therefore n = \frac{60}{2\pi}\omega = \frac{60}{2\pi}\left(\frac{8 \times (-5) \times 10}{125 \times 0.8^2} + \frac{2\pi \times 200}{60}\right) = 152 \text{ rpm}$$

解　152 rpm

解答4

直線運動の運動方程式　$Ma = Mg\sin\theta - f$　… 式 (1)

7-2 節の式 (3)　**角運動方程式**　$I\dot{\omega} = T = f\dfrac{D}{2}$　… 式 (2)

7-1 節から　**球の慣性モーメント**　$I = \dfrac{1}{10}MD^2$　… 式 (3)

$v = r\omega = \dfrac{D}{2}\omega$　から　$\dfrac{v}{t} = \dfrac{D}{2}\dfrac{\omega}{t}$　$\therefore a = \dfrac{D}{2}\dot{\omega}$、　$\therefore \dot{\omega} = a\dfrac{2}{D}$　… 式 (4)

（$v = at$、$\dfrac{v}{t} = a$）

式 (3)、(4) を式 (2) に代入して

$$\frac{1}{10}MD^2 a\frac{2}{D} = f\frac{D}{2}、\quad \frac{1}{5}Ma = f\frac{1}{2}、\quad \therefore f = \frac{2}{5}Ma \text{ … 式 (5)}$$

式 (5) を式 (1) に代入して

$$Ma = Mg\sin\theta - \frac{2}{5}Ma、\quad \frac{7}{5}a = g\sin\theta \quad \therefore a = \frac{5}{7}g\sin\theta$$

解　$a = \dfrac{5}{7}g\sin\theta$

7-4 4節リンク機構の運動

　機械を動かすしくみを機構と呼びます。基本的な機構の1つとして、4本の棒状部材を組み合わせた4節リンク機構の運動を考えます。

● 4節リンク機構の成立条件

　「最短節と他の1つの節の長さの和は、残りの2つの節の長さの和以下である」という4節リンク機構の成立条件を、**グラスホフの定理**と呼びます。

図●グラスホフの定理

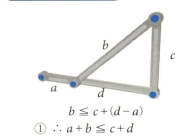

① $b \leq c+(d-a)$
　∴ $a+b \leq c+d$

③ $c \leq (b-a)+d$
　∴ $a+c \leq b+d$

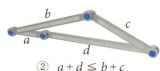

② $a+d \leq b+c$

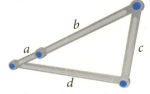

④ $a+b \leq c+d$

例題　上の4節リンク機構で、$a = 200$ mm、$b = 300$ mm、$c = 400$ mmとする。最長節 d の長さを求めなさい。

◎ 考え方
・3つの条件式から d を決定する。最長節なので、$400 < d$ とする。

解答例
$a+b \leq c+d$、$200+300 \leq 400+d$、$100 \leq d$
$a+c \leq b+d$、$200+400 \leq 300+d$、$300 \leq d$
$a+d \leq b+c$、$200+d \leq 300+400$、$d \leq 500$

解　$400 < d \leq 500$

3 瞬間中心の定理

回転体の瞬間における回転の中心を**瞬間中心**と呼びます。そして、「平面内で相対運動を行う3つの節では、3つの瞬間中心が直線上に並ぶ」という、**3瞬間中心の定理**、または**ケネディの定理**が成立します。

図●瞬間中心

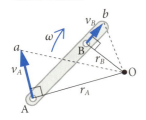

点A、Bを含む剛体の瞬間中心Oは、v_Aとv_Bの垂直線の交点にあり、$\triangle OaA$と$\triangle ObB$は、相似三角形になります。

角速度ωとして、　$v_A = r_A \omega$、$v_B = r_B \omega$

つまり、「任意の点の速度は、瞬間中心からの距離に比例する」のです。

図●3瞬間中心の定理

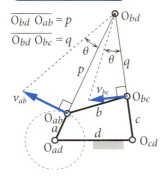

$\overline{O_{bd} O_{ab}} = p$
$\overline{O_{bd} O_{bc}} = q$

図の4節リンク機構で、節dを固定して、節aを回転させると、節bが中間節となり、節cが揺動します。

このとき、関連する各節の瞬間中心O_{ad}、O_{ab}、O_{bd}と、O_{cd}、O_{bc}、O_{bd}がそれぞれ一直線上に3つ並びます。これが3瞬間中心の定理、または、ケネディの定理です。

v_{ab}、v_{bc}は、相似三角形の一辺になるので、$v_{ab} : v_{bc} = p : q$などの比例関係がとれます。

例題　下図の4節リンク機構で、速度v_{ab}だけが与えられたとき、v_{bc}を作図で求める方法を説明しなさい。

考え方と解答

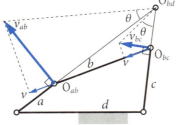

瞬間中心から
- aとcの延長線の交点に瞬間中心O_{bd}をつくる。
- v_{ab}を対辺とした角度θの直角三角形をつくる。
- v_{bc}を対辺とした角度θの直角三角形をつくる。

別解　分速度から
- O_{ab}、O_{bc}は、剛体bの2点だから、v_{ab}とv_{bc}のb方向成分vは等しい。
- v_{ab}からvをつくり、vをO_{bc}に写して、v_{bc}を求める。

7-5 クランク―レバ機構

回転するクランクと揺動するレバからできる、**クランク―レバ機構**の運動を考えます。

◎ レバの揺動角

クランク $a = 50$ mm、中間節 $b = 120$ mm、レバ $c = 80$ mm、固定節 $d = 140$ mm としたクランク―レバ機構で、レバの揺動角を求めます。

レバ揺動範囲の両端の角度 ϕ_1、ϕ_2 を求めて、揺動角 $\beta = \phi_1 - \phi_2$ とします。

下図のような作図から揺動角を直接読み取ることもできます。

図は、節の比率を合わせてあります。実測してみてはいかがでしょうか。

図●レバの揺動角

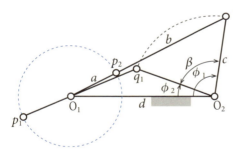

$a = 50$
$b = 120$
$c = 80$
$d = 140$

$\beta = \phi_1 - \phi_2$

算出式を次に示します。上の条件で計算をしてください。
$\phi_1 = 97.4°$、$\phi_2 = 19.6°$、$\beta = 77.8°$ です。

1-19 節参照

△$O_1 O_2 q_2$ の余弦定理から

$(a+b)^2 = c^2 + d^2 - 2cd \cos \phi_1$

$\cos \phi_1 = \dfrac{c^2 + d^2 - (a+b)^2}{2cd}$

∴ $\phi_1 = \cos^{-1} \left(\dfrac{c^2 + d^2 - (a+b)^2}{2cd} \right)$

△$O_1 O_2 q_1$ の余弦定理から

$(b-a)^2 = c^2 + d^2 - 2cd \cos \phi_2$

$\cos \phi_2 = \dfrac{c^2 + d^2 - (b-a)^2}{2cd}$

∴ $\phi_2 = \cos^{-1} \left(\dfrac{c^2 + d^2 - (b-a)^2}{2cd} \right)$

🔵 レバの速度と連節法

7-4節で、「任意の点の速度は、瞬間中心からの距離に比例する」ということから速度を求める方法を説明しました。

また、7-4節の例題別解で、剛体の2点で同じ方向の分速度が等しいことから速度を求めることができることも理解できたことと思います。

機構の速度を求めるには、その他にもいろいろな方法があります。

次図の速度 v_p から v_q を求めるとき、瞬間中心Oと角度 θ を使用したものが、瞬間中心からの距離による方法です。

図●連節法

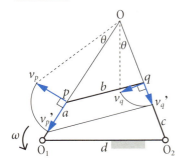

ここで、
① v_p を90°回転させて節 a に重ね、v_p' をつくります。
② v_p' の終点に節 b と平行線を引き、節 c との交点を速度ベクトル v_q' の終点とします。
③ v_q' を90°回転させると、点 q の速度ベクトル v_q が得られます。

以上の作図法を**連節法**と呼びます。

連節法は、瞬間中心を使わないので、瞬間中心が遠くなる場合でも作図から速度を求めることができます。

次の2つの図は、瞬間中心をとりづらい位置に節があります。連節法、分速度を利用して、v_q を求めてください。解答例は章末で示します。

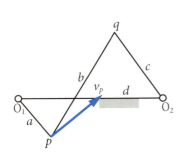
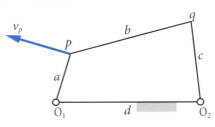

7-6 スライダ―クランク機構

4つの節のうち、1つの節を回転と並進を同時に行うスライダに変えると、回転運動と並進運動を相互に変換できるリンク機構ができます。

◎ 往復スライダ―クランク機構の変位

図は、エンジンやコンプレッサなどで、クランクの回転とスライダの往復並進運動を変換する、代表的な**往復スライダ―クランク機構**の例です。

エンジンなどでは、スライダ（ピストン）を外から支える円筒（シリンダ）が固定節 d の役割をします。

スライダの変位 s は、リンク a、b とクランクの回転角 θ で決まります。

スライダ（ピストン）の最高点 $b+a$ を上死点、最下点 $b-a$ を下死点と呼び、上死点と下死点の間隔 $2a$ をストロークと呼びます。

図●往復スライダ―クランク機構

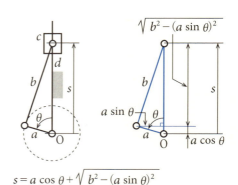

$$s = a \cos \theta + \sqrt{b^2 - (a \sin \theta)^2}$$
$$b - a \leq s \leq b + a$$

例題 往復スライダ―クランク機構のコンプレッサで、$a = 50$ mm、$b = 120$ mm、クランクの一定回転数 $n = 1000$ rpm とする。①$\theta = 30°$ のときの、ピストン上死点からの変位 x、②ピストンの平均速さを求めなさい。

◎考え方

・ピストンの平均速さは、1ストロークを移動に要した時間で割る。

解答例

①変位 x

上死点は、$a+b$ だから、$x=(a+b)-s$, $s = a\cos\theta + \sqrt{b^2 - (a\sin\theta)^2}$

$x = (a+b) - s = (50+120) - \left(50\cos 30° + \sqrt{120^2 - (50\sin 30°)^2}\right)$

$= 170 - 160.7 = 9.3$ mm

②平均速さ

↓分を秒に換算

4-12節の式 (7) 周期 $T = \dfrac{60}{n}$ 1ストロークに要する時間 $t = \dfrac{T}{2} = \dfrac{60}{2n}$

$\therefore v = \dfrac{2a}{t} = 2a\dfrac{2n}{60} = \dfrac{2 \times 50 \times 10^{-3} \times 2 \times 1000}{60} = 3.3$ m/s

解 9.3 mm、 3.3 m/s

スライダに働く力

往復型エンジンのコンロッドが固定節と $\beta = 15°$ の傾きの位置で、ピストンが、燃料の燃焼により、$F = 8000$ N の力を受けているとします。

力 F がコンロッドに与える力 P をつくるために、F を P とピストンの運動に垂直な方向の力 N に分解します。

すると、力 P は 8282 N となり、クランクにトルクを与えて仕事を生みます。力 N は 2144 N となり、シリンダを垂直に押して摩擦を生みます。

図●スライダに働く力

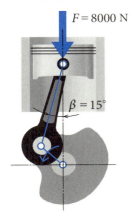
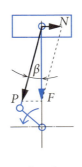

F を P と N に分解する

・**コンロッドに与える力**

$P = \dfrac{F}{\cos\beta} = \dfrac{8000}{\cos 15°}$

$= 8282$ N

P は、トルクを生む

・**運動に垂直な方向の力**

$N = F\tan\beta$

$= 8000 \times \tan 15° = 2144$ N

N は、摩擦力を生む

コンロッドがスライダに与える力

　コンロッドが力Pでピストンを引き下げる行程では、力Pをピストンに与える力Fとピストンの運動に垂直な方向の力Nに分解します。
　すると、力Fはピストンを下降させる向きに働き、力Nは前ページのピストンがコンロッドに力を与えた場合と逆の向きに働きます。
　力Nは、側圧と呼ばれ、ピストンの首振りという振動の原因になります。

図●コンロッドがスライダに与える力

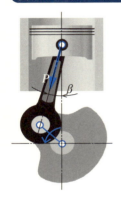

4ストロークエンジンや往復型コンプレッサの吸気行程では、コンロッドがピストンを引き下げる。

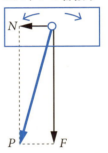

ピストンの首振り

PをFとNに分解する

揺動スライダークランク機構

　図のようにスライダを節bの中間に置き、クランクaを回転させると、節bが揺動する**揺動スライダークランク機構**ができます。

図●揺動スライダークランク機構

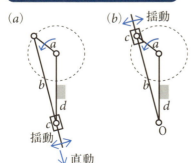

(a)は、節bが揺動とともに、ストローク$2a$の直動を行い、節bの先端が突き出したり、引き込むような動作を行います。
(b)は、節bがレバとなり、固定節dとの交点Oを回転中心とした揺動を行います。

揺動スライダ―クランク機構の早戻り運動

下図の機構で、クランク a を一定速さで反時計回りに回転させると、節 b は左向きの速度が小さく、右向きの速度が大きくなります。

節 b が左向きに運動するときのクランクの回転角 θ_1 と、節 b が右向きに運動するときの回転角 θ_2 を比べると、回転中心Oが θ_2 側にあるため、θ_1 が θ_2 よりも必ず大きくなります。

回転速度が一定なので、θ_1 側の速度 v_1 が、θ_2 側の速度 v_2 よりも小さくなり、節 b は、**早戻り運動**を行います。

ラムと呼ばれる往復運動部分に取り付けた工具で平面を切削して、早戻りする形削り盤は、早戻り運動の応用です。クランク a の長さを調節してレバ c の揺動範囲を変えて、ラムの加工ストローク s を設定します。

図●揺動スライダークランク機構の早戻り運動と形削り盤

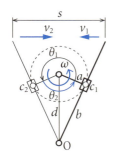

c_1、c_2 間の変位 s、時間 t として

c_1 から c_2 への運動　　$t_1 = \dfrac{\theta_1}{\omega}$ 、$v_1 = \dfrac{s}{t_1}$

c_2 から c_1 への運動　　$t_2 = \dfrac{\theta_2}{\omega}$ 、$v_2 = \dfrac{s}{t_2}$

$\theta_1 > \theta_2$ から $t_1 > t_2$　∴ $v_1 < v_2$

v_1 を前進と考えて、

節 b は、早戻り運動を行います。

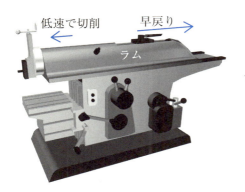
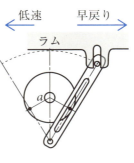

練習問題　　　4節リンク機構

問題1　図のクランク―レバ機構で、$a = 30$ mm、$b = 90$ mm、$c = 60$ mm、$d = 100$ mm、クランクの回転数 $n = 100$ rpm とする。①揺動角 β [rad]、②レバ c の周速度の平均速さ v_c [m/s] を求めなさい。

> **考え方**
> ・β を rad 単位で求める。β の運動時間は、a の周期の1/2、$v_c = c\omega_c$ から v_c を求める式をつくる。

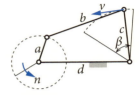

問題2　次のスライダ―クランク機構のスライダの速度 v_c を作図で求めなさい。

> **考え方**
> ・3瞬間中心の定理で瞬間中心が遠くなる場合は、分速度から求める。
> ・瞬間中心を結ぶ線分と速度は、直交する。
> ・スライダの点 c は2つの瞬間中心が重なった点。

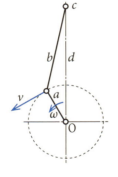 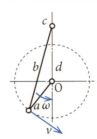 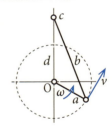

問題3　次の揺動スライダ―クランク機構で、クランク a の回転中心を xy 座標の原点 O_{xy} として、スライダの点 c を $x_c = a\cos\theta$、$y_c = a\sin\theta$ と表す。

　$a = 150$ mm、$d = 340$ mm として、①クランクの回転角 $\theta = 50°$ におけるレバの揺動角 α、②この機構の前進時間／早戻り時間の比 i を求めなさい。

> **考え方**
> ・c から垂線を下ろして三角比を考える。
> ・前進の回転角 θ_1 と早戻りの回転角 θ_2 は、a と d を2辺とした直角三角形で決まる。

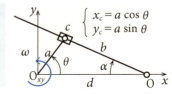

解答1

$a = 30$ mm、$b = 90$ mm、$c = 60$ mm、$d = 100$ mm、$n = 100$ rpm

$$\phi_1 = \cos^{-1}\left(\frac{60^2 + 100^2 - (30+90)^2}{2 \times 60 \times 100}\right) = 1.64 \text{ rad}$$

$$\phi_2 = \cos^{-1}\left(\frac{60^2 + 100^2 - (90-30)^2}{2 \times 60 \times 100}\right) = 0.59 \text{ rad}$$

$$\beta = \phi_1 - \phi_2 = 1.64 - 0.59 = 1.05 \text{ rad}$$

a の周期 $T = \dfrac{60}{n}$　揺動角 β に要する時間 $t = \dfrac{T}{2} = \dfrac{60}{2n}$　$\omega_c = \dfrac{\beta}{t}$

mm を m へ

$$\therefore v_c = c\omega_c = \frac{c\beta}{t} = c\beta \frac{2n}{60} = \frac{60 \times 10^{-3} \times 1.05 \times 2 \times 100}{60} = 0.21 \text{ m/s}$$

解　1.05 rad、0.21 m/s

解答2

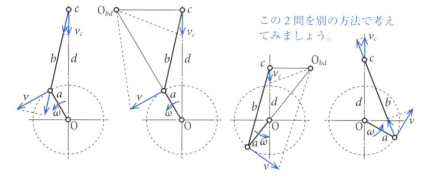

この2問を別の方法で考えてみましょう。

解答3

$$\alpha = \tan^{-1}\frac{y_c}{d - x_c}$$

$$\frac{\theta_2}{2} = \cos^{-1}\frac{a}{d}$$

↓早戻り側の回転角

$$\frac{\theta_2}{2} = \cos^{-1}\frac{a}{d}$$

$$\therefore \theta_2 = 2\cos^{-1}\frac{a}{d} = 2\cos^{-1}\frac{150}{340} = 127.6°$$

$$\therefore \theta_1 = 360 - 127.6 = 232.4°$$

$$\alpha = \tan^{-1}\frac{y_c}{d - x_c}$$
$$= \tan^{-1}\frac{a\sin\theta}{d - a\cos\theta}$$
$$= \tan^{-1}\frac{150 \times \sin 50°}{340 - 150 \times \cos 50°}$$
$$= 25.3°$$

$$i = \frac{\theta_1}{\theta_2} = \frac{232.4}{127.6} = 1.82$$

解　$\alpha = 25.3°$、$i = 1.82$

7-7 機械と流体

これまでにポンプや水車の例題を考えました。これらを流体機械と呼びます。気体と液体に大別される流体のうち、おもに液体について触れます。

◎ 密度、比重、比重量

物質の体積 $1\,\mathrm{m}^3$ あたりの質量 $\rho\,[\mathrm{kg}]$ が、密度 $\rho\,[\mathrm{kg/m}^3]$ です。水の密度は、特に指定がなければ、$1000\,\mathrm{kg/m}^3$ とします。

固体と液体の比重は、同じ体積の純水の質量を1として、物質の質量が何倍あるかという比で表すので、単位をもちません。

気体の比重は、空気との比で表した対空気比を使います。空気の密度は、標準大気圧、20℃で $1.205\,\mathrm{kg/m}^3$ です。

物質の単位体積 $1\,\mathrm{m}^3$ あたりの重量 $\gamma\,[\mathrm{N}]$ を、**比重量** $\gamma\,[\mathrm{N/m}^3]$ と呼びます。重量は質量と重力加速度の積ですから、$\gamma = \rho g = 9.8\rho$ です。

図●密度、比重、比重量

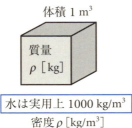
体積 $1\,\mathrm{m}^3$
質量 $\rho\,[\mathrm{kg}]$
水は実用上 $1000\,\mathrm{kg/m}^3$
密度 $\rho\,[\mathrm{kg/m}^3]$

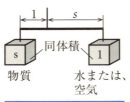
同体積
物質 / 水または、空気
量の比で、単位なし
比重 s

体積 $1\,\mathrm{m}^3$
重量 $\gamma\,[\mathrm{N}]$
$\gamma = \rho g = 9.8\rho$
比重量 $\gamma\,[\mathrm{N/m}^3]$

> **例題** 直径 $d = 10\,\mathrm{cm}$、質量 $m = 4\,\mathrm{kg}$ の球体の密度 ρ を求めなさい。

考え方と解答例

・密度は、質量を体積で割る。

物体の体積 $V = \dfrac{\pi d^3}{6}$、$\rho = \dfrac{m}{V} = \dfrac{6m}{\pi d^3} = \dfrac{6 \times 4}{\pi \times 0.1^3} = 7639\,\mathrm{kg/m}^3$

↑m 単位

解 $7639\,\mathrm{kg/m}^3$

🔵 圧力

面に直角に働く力 F [N] を受圧面積 A [m²] で割った、単位面積あたりに働く力の大きさが圧力 P [Pa] です。力 F を**全圧力**とも呼びます。

水中の圧力は、受圧面積に関係なく深さ h [m] で決まり、$P = \rho g h$ [Pa] です。

圧力は、値が大きくなるので、実用上は、kPa、MPa などで表します。

図●圧力

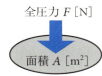 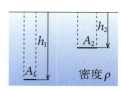

【例】 直径 $d = 2$ m、高さ $h = 2$ m の水を貯蔵する容器底部の圧力 P、全圧力 F は、$\rho = 1000$ kg/m³ として、

$P = \rho g h = 1000 \times 9.8 \times 2 = 19.6 \times 10^3$ Pa = <u>19.6 kPa</u>

$F = PA = P\dfrac{\pi d^2}{4} = \dfrac{19.6 \times 10^3 \times \pi \times 2^2}{4} =$ <u>61.6 kN</u>

🔵 絶対圧とゲージ圧

真空を基準とした圧力を**絶対圧**、測定場所の大気圧を基準とした圧力を**ゲージ圧**と呼びます。**標準大気圧**は、絶対圧で 101.325 kPa です。

測定対象の**差圧**をとり、基準とした圧力よりも高い圧力を正圧、低い圧力を負圧と呼びます。

図●絶対圧とゲージ圧

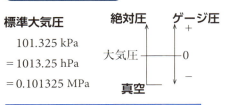 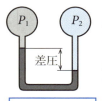

7-8 パスカルの原理と仕事

「静止流体中では、すべての方向に等しい圧力が作用する」が、**パスカルの原理**です。機械工学の多くの分野で活用されています。

◎ パスカルの原理

静止流体の深さ h の点に、図 (a) の微小な三角柱部分を考えます。三角形の各辺の比を $3:4:5$ として、直交座標 $x-y-z$ を設定します。

パスカルの原理から、三角柱の各面に、等しい圧力 p が作用します。圧力が等しいので、面積の異なる各面には、それぞれ異なる全圧力が働きます。

静止流体の一部である三角柱の各面が、異なる全圧力を受けて、力のつり合いが保たれるならば、パスカルの原理が成立するといえます。

図 (b) から、$x-z$ 平面の対向する2面で、全圧力がつり合っています。

図 (c) の各面には、辺の長さに比例した全圧力が働きます。ベクトルの数を全圧力に比例させています。つまり、3つの平面に働く異なる全圧力がつり合えば、三角柱部分の流体が静止してパスカルの原理が成立するといえます。

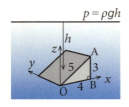

(a) 水中の微小部分

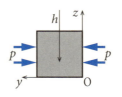

(b) つり合う2面

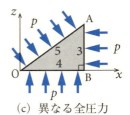

(c) 異なる全圧力

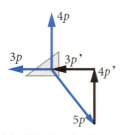

(d) 閉じた三角形

図 (d) で、各面に働く全圧力のつり合いをとります。三角形の辺の比 $3:4:5$ は、直角三角形ですから、辺の長さに比例した全圧力のベクトルは、閉じた三角形をつくります。各面の全圧力がつり合うので、パスカルの原理が成立することを示しています。

パスカルの原理の応用と仕事

　断面積A_2の大シリンダに荷重wを置き、断面積A_1の小シリンダに力F_1を与えて、荷重wをs_2押し上げるという仕事を考えます。

　① パスカルの原理から流体に生まれる圧力pは、どこでも等しいので、式(1)に示す、小さな力F_1が、大きな荷重wとつり合う倍力作用が働きます。

　② 流体が仕事を伝達し、力F_1が行う仕事と荷重wが受ける仕事が等しいことから、変位s_1、s_2と力F_1、荷重wが逆比になり、式(2)のように、F_1は、大きな変位s_1を必要とします。

　③ 流体の移動量から、小シリンダの体積減少分ΔV_1は、大シリンダの体積増加分ΔV_2になるので、断面積と変位から、式(2)と等しい式(3)の変位s_1を得ます。

　パスカルの原理は、流体の圧力を利用した多くの機械に応用されています。

図●パスカルの原理の応用と仕事

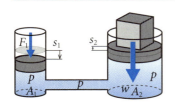

①パスカルの原理から倍力作用

$$p = \frac{F_1}{A_1} = \frac{w}{A_2} \quad \therefore F_1 = w\frac{A_1}{A_2} \quad \cdots 式(1)$$

小さな力F_1が、大きな荷重wとつり合う。

③流体の移動量から変位

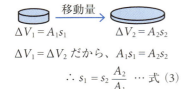

$\Delta V_1 = A_1 s_1 \quad\quad \Delta V_2 = A_2 s_2$

$\Delta V_1 = \Delta V_2$ だから、$A_1 s_1 = A_2 s_2$

$$\therefore s_1 = s_2 \frac{A_2}{A_1} \quad \cdots 式(3)$$

②仕事の定義から変位

F_1が流体に与えた仕事　$W_1 = F_1 s_1$

wが流体から受けた仕事　$W_2 = w s_2$

$W_1 = W_2$ だから、$F_1 s_1 = w s_2$　　式(1)の逆比

$$\therefore s_1 = s_2 \frac{w}{F_1} = s_2 \frac{pA_2}{pA_1} = s_2 \frac{A_2}{A_1} \quad \cdots 式(2)$$

小さな力F_1は、多くの変位を必要とする。

【例】　上の図で、$w = 1000$ N、$A_2 = 8000$ mm²、$A_1 = 800$ mm²とすると、

$F_1 = w\dfrac{A_1}{A_2} = \dfrac{1000 \times 800}{8000} = \underline{100\text{ N}}$　　※(参考) 自転車のタイヤの空気圧
　　　　　　　　　　　　　　　　　　　　　　300 kPa 程度

$p = \dfrac{w}{A_2} = \dfrac{1000}{8000 \times 10^{-6}} = 125 \times 10^3$ Pa $= \underline{125\text{ kPa}}$

↑面積なので $(10^{-3})^2 = 10^{-6}$

7-9 流体の運動とベルヌーイの定理

水道の蛇口から水が出るのは、水にエネルギーが与えられて運動するからです。ベルヌーイの定理は、エネルギー保存の法則を流体にあてはめたものです。

流量と連続の式

単位時間あたりに流れる流体の量を流量 Q と呼びます。下図の流れる液体で満たされ、外部と出入りがない管路では、流量は任意の位置で一定で、$Q = Q_1 = Q_2 = $ 一定です。これを**連続の式**と呼びます。

流量は、流路の断面積 A と速度 v の積として求める**体積流量** Q_V を基本として、体積流量に流体の密度をかけた**質量流量** Q_m、質量流量に重力加速度をかけた**重量流量** Q_G という3つの扱い方があります。

図●流量と連続の式

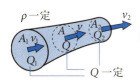

連続の式

$Q = Q_1 = Q_2 = $ 一定 …式(1)

$Q_V = Av$ …式(2)

$Q_m = \rho Q_V = \rho A v$ …式(3)

$Q_G = g Q_m = \rho g A v$ …式(4)

- A 断面積 [m²]
- v 速度 [m/s]
- ρ 密度 [kg/m³]
- g 重力加速度 [9.8 m/s²]
- Q_V 体積流量 [m³/s]
- Q_m 質量流量 [kg/s]
- Q_G 重量流量 [N/s]

例題 上の図で、$Q_V = 0.01$ m³/s、$A_1 = 0.015$ m²、$A_2 = 0.01$ m²、$\rho = 1000$ kg/m³ とする。v_1、v_2、Q_m を求めなさい。

解答

式(2)から

$v_1 = \dfrac{Q_V}{A_1} = \dfrac{0.01}{0.015} = 0.67$ m/s、$v_2 = \dfrac{Q_V}{A_2} = \dfrac{0.01}{0.01} = 1$ m/s

式(3)から

$Q_m = \rho Q_V = 1000 \times 0.01 = 10$ kg/s

解 $v_1 = 0.67$ m/s、$v_2 = 1$ m/s、$Q_m = 10$ kg/s

ベルヌーイの定理

流体は、運動エネルギー、位置エネルギー、圧力エネルギーをもち、流体のエネルギーが保存されるとしたものを**ベルヌーイの定理**と呼びます。

それぞれのエネルギーは、相互に換算できるので、式(5)は速度エネルギーで表し、式(6)は圧力エネルギーで表しています。

液体を扱う流体機械では、位置エネルギーで表した式(7)を使い、Hをポンプが水を押し上げることのできる揚程(高さ)、または水車に与える水の落差として、**全水頭**と呼び、各エネルギーを速度水頭、位置水頭、圧力水頭と呼びます。

図●ベルヌーイの定理

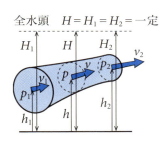
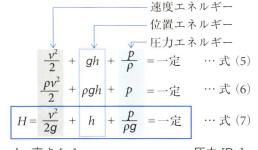

全水頭 $H = H_1 = H_2 = $ 一定

$$\frac{v^2}{2} + gh + \frac{p}{\rho} = 一定 \quad \cdots 式(5)$$

$$\frac{\rho v^2}{2} + \rho g h + p = 一定 \quad \cdots 式(6)$$

$$H = \frac{v^2}{2g} + h + \frac{p}{\rho g} = 一定 \quad \cdots 式(7)$$

- v 速度 [m/s]
- h 高さ [m]
- p 圧力 [Pa]
- ρ 密度 [kg/m³]
- g 重力加速度 [9.8 m/s²]
- H 全水頭 [m]

例題 吐き出し圧力計のゲージ圧 $p = 150$ kPa のポンプの揚程を、送水損失のないものとして求めなさい。

○ 考え方

・吐き出し圧力計は、吐き出し高さを示す。揚程を式(7)から求める。

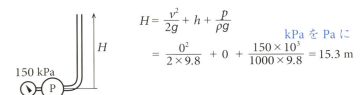

$$H = \frac{v^2}{2g} + h + \frac{p}{\rho g}$$

$$= \frac{0^2}{2 \times 9.8} + 0 + \frac{150 \times 10^3}{1000 \times 9.8} = 15.3 \text{ m}$$

kPa を Pa に

解 15.3 m

7-10 遠心力を利用したポンプ

液体を満たした容器内で羽根車を回転させ、回転する液体に生まれる遠心力を利用して液体に速度水頭を与えるポンプを遠心ポンプと呼びます。

渦巻きポンプ

図●渦巻きポンプ

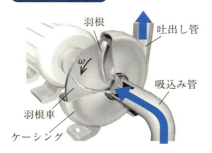

液体を満たしたケーシングの中で羽根車を回転させると、液体は羽根に沿って速度を高めながら、羽根車の中心から外側へ向かって運動します。

羽根の回転が液体に与える遠心力を利用して液体を移動する機械を**遠心ポンプ**と呼び、液体が渦状に運動するので、**渦巻きポンプ**と呼ばれます。

角運動量と揚程

液体は、羽根の上で、周速度u、羽根に対する相対速度wをもち、uとwの和を地上に対する絶対速度vと呼びます。周速度uと絶対速度vの交角α、周速度uと相対速度wの交角β、入り口の添字1、出口の添字2として、液体の運動を考えます。

図●液体の流れ

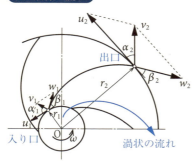

図●速度三角形

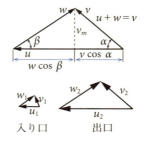

液体を質点と考えて、2-2節のベクトルの和の方法で、速度 $u+v=w$ を表した三角形を**速度三角形**と呼びます。

渦巻きポンプの揚程がどのように決まるかを羽根車と液体の角運動量から考えてみます。

7-2節の式(1)角運動量 $L=mrv$ から、

入り口 $L_1=\rho Q r_1 v_1 \cos\alpha_1$、出口 $L_2=\rho Q r_2 v_2 \cos\alpha_2$

7-2節から、角運動量はトルク T によって変化するので、

$$T=L_2-L_1=\rho Q(r_2 v_2 \cos\alpha_2 - r_1 v_1 \cos\alpha_1)$$

6-2節の式(3)から動力を P として、

$$P=T\omega=\rho Q(r_2\omega_2 v_2 \cos\alpha_2 - r_1\omega_1 v_1 \cos\alpha_1)$$
$$=\rho Q(u_2 v_2 \cos\alpha_2 - u_1 v_1 \cos\alpha_1) \quad \leftarrow u=r\omega \text{ から}$$

ポンプの理論揚程 H_{th} は、単位時間あたりに吐き出す水量を $\rho g Q$ として、

$$P=\rho g Q H_{th} \quad \leftarrow \rho g Q \,[\text{N/s}], \; H_{th}\,[\text{m}] \text{ から } P\,[\text{N m/s}=\text{W}]$$

$$\therefore H_{th}=\frac{P}{\rho g Q}=\frac{1}{g}(u_2 v_2 \cos\alpha_2 - u_1 v_1 \cos\alpha_1)$$

一般に、$\alpha_1 \fallingdotseq 90°$ となるので、$\cos 90°=0$ だから、

$$\therefore \boxed{H_{th}=\frac{1}{g} u_2 v_2 \cos\alpha_2 \,[\text{m}]}$$

出口の速度三角形から、$v_2 \cos\alpha_2 = u_2 - w_2 \cos\beta_2$ だから、

$$\therefore \boxed{H_{th}=\frac{1}{g} u_2(u_2 - w_2 \cos\beta_2)\,[\text{m}]}$$

効率を η として、揚程は、$\boxed{H=\eta H_{th}}$

このように、渦巻きポンプの揚程は出口の流速で決まります。

【例】 $r_2=100$ mm、$\beta_2=20°$、$n=1800$ rpm、$w_2=8$ m/s とすると、

$$u_2=r_2\omega=r_2\frac{2\pi n}{60}=\frac{0.1\times 2\pi\times 1800}{60}=18.9 \text{ m/s}$$

$$H_{th}=\frac{1}{g}u_2(u_2-w_2\cos\beta_2)$$

$$=\frac{18.9\times(18.9-8\times\cos 20°)}{9.8}=\underline{22.0 \text{ m}} \quad \text{理論揚程}$$

練習問題　　　　　　　　　　機械と流体

問題1　図のシリンダを連結した装置で、荷重 $w = 2000$ N を $s_2 = 0.1$ m 押し上げるのに必要な力 F_1 と変位 s_1 を求めなさい。

> ● 考え方
> ・7-8節の式 (1)、(2) の面積を直径で表す。

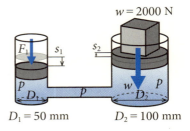

$D_1 = 50$ mm　　$D_2 = 100$ mm

問題2　容器中の水面①に大気圧との圧力差 dp を加えたところ、水面下 $h = 1$ m の②で、速度 $v = 8$ m/s で水が噴出した。dp を求めなさい。

> ● 考え方
> ・①の速度水頭はゼロ。
> ・②を高さの基準として、①と②の全水頭が等しいと考える。

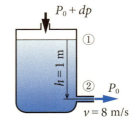

問題3　図の水平管を流れる水の質量流量を求めなさい。

> ● 考え方
> ・連続の式から速度の比がわかる。
> ・差圧 50 mm は、点 b を位置水頭の基準とする。

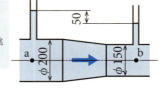

問題4　図の散水器で回転部分の重量が極めて軽く、回転に対する抵抗がないものとする。回転部分の回転数 n [rpm] を求めなさい。

> ● 考え方
> ・流量 Q を m³/s に換算して水の噴出速度を求める。

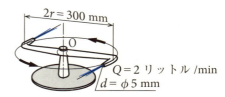

$2r = 300$ mm
$Q = 2$ リットル/min
$d = \phi 5$ mm

解答 1

$$\frac{F_1}{A_1} = \frac{w}{A_2} \text{ より}$$

$$\frac{4F_1}{\pi D_1^2} = \frac{4w}{\pi D_2^2} \quad \therefore F_1 = w\frac{D_1^2}{D_2^2} = \frac{2000 \times 50^2}{100^2} = 500 \text{ N} \qquad A = \frac{\pi D^2}{4}$$

$F_1 s_1 = w s_2$ だから $\quad \therefore s_1 = s_2 \dfrac{w}{F_1} = \dfrac{0.1 \times 2000}{500} = 0.4$ m

解 500 N、0.4 m

解答 2

①の全水頭 ②の全水頭
$$h + \frac{P_0 + dp}{\rho g} = \frac{v^2}{2g} + \frac{P_0}{\rho g} \quad \text{から} \quad P_0 + dp = \rho g \left(\frac{v^2}{2g} + \frac{P_0}{\rho g} - h \right)$$

$$\therefore dp = \rho g \left(\frac{v^2}{2g} + \frac{P_0}{\rho g} - h \right) - P_0$$

$$= \rho g \left(\frac{v^2}{2g} - h \right) = 1000 \times 9.8 \times \left(\frac{8^2}{2 \times 9.8} - 1 \right) = 22.2 \times 10^3 = 22.2 \text{ kPa}$$

解 22.2 kPa

解答 3

連続の式 $A_a v_a = A_b v_b \quad \therefore v_a = v_b \dfrac{A_b}{A_a} \quad \cdots \text{式 (1)}$

ベルヌーイの定理から $\dfrac{v_a^2}{2g} + h = \dfrac{v_b^2}{2g} \quad \cdots \text{式 (2)} \quad$ 点 b を位置水頭の基準とする

式 (1)、(2) から $\dfrac{v_b^2}{2g}\left(\dfrac{A_b}{A_a}\right)^2 + h = \dfrac{v_b^2}{2g} \quad \therefore \dfrac{v_b^2}{2g}\left\{\left(\dfrac{A_b}{A_a}\right)^2 - 1\right\} = -h$

$$\therefore v_b = \sqrt{-h\frac{2gA_a^2}{A_b^2 - A_a^2}} = \sqrt{-h\frac{2gD_a^4}{D_b^4 - D_a^4}} = \sqrt{\frac{-0.05 \times 2 \times 9.8 \times 0.2^4}{0.15^4 - 0.2^4}} = 1.20 \text{ m/s}$$

$$Q_V = \rho A_b v_b = 1000 \times \frac{\pi \times 0.15^2}{4} \times 1.2 = 21.2 \text{ kg/s}$$

解 21.2 kg/s

解答 4

体積流量 Q から水の噴出速度 v を求める $\quad$ 1 cm $= 10^{-2}$ m

1 リットル $= 1000 \text{ cm}^3 = 10^3 \times (10^{-2})^3 = 10^3 \times 10^{-6} = 1 \times 10^{-3} \text{ m}^3 \quad$ 1 リットル $= 1 \times 10^{-3} \text{ m}^3$

$Q = Av = \dfrac{\pi d^2}{4} v \quad \therefore v = \dfrac{4}{\pi d^2} Q = \dfrac{4}{\pi \times 0.005^2} \dfrac{2 \times 10^{-3}}{60} = 1.7 \text{ m/s} \quad$ 毎分を毎秒へ

水の噴出速度を周速度として回転数 n を求める

$v = r\omega = r\dfrac{2\pi n}{60} \quad \therefore n = \dfrac{60v}{2\pi r} = \dfrac{60 \times 1.7}{2\pi \times 0.15} = 108$ rpm

解 108 rpm

column

「機械をつくるための機械力学」

7章では、異なる3つの分野を題材として、それぞれ6章までの内容と関連付けて説明しました。

本書冒頭の「はじめに」で触れたように、機械力学は材料力学とともに、壊れない安全な機械をつくることを目的とします。そして、機構学は、機械が仕事を行うためのしくみを扱います。

7-10節の遠心ポンプは、流体力学で論じられますが、運動する流体の力学は、ニュートン力学の起源とする運動量の考え方を基本としています。

そして、物理力学で見かけの力とする遠心力を利用したこの流体機械こそが、物理力学と異なる機械力学を特徴づけるものの1つなのです。

安全で、無駄のない機械をつくるには、細分化された分野から機械の目的を満足する必要な事柄を集めて、統合するという手順が必要です。

このような実務的な分野を機械設計と呼びます。ですから、機械設計では、材料の強弱、運動の変化、エネルギーの変換など、細分化された各分野の理論式などをもとにして、機械づくりに必要な条件を整合させた実用式がつくられます。

材料力学と機械力学は、機械をつくるための両輪といえます。

◎ 7-5節の連節法、分速度を利用して、v_qを求める解答例

下図に解答例を示します。青矢印が連節法、黒矢印が分速度による解答です。

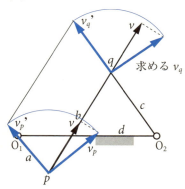
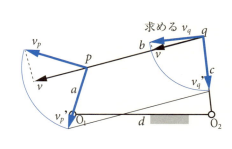

索引

あ行

- 位置エネルギー ... 28
- 位置ベクトル ... 108
- 渦巻きポンプ ... 272
- 運動エネルギー ... 28
- 運動の三法則 ... 18
- 運動の法則 ... 18
- 運動方程式 ... 18, 152
- 運動量 ... 24, 170
- 運動量保存の法則 ... 24, 174
- SI単位 ... 6
- エネルギー保存の法則 ... 212
- 遠隔力 ... 9
- 遠心ポンプ ... 272
- 遠心力 ... 22
- 往復スライダークランク機構 ... 260
- 重さ ... 11

か行

- 回転数 ... 144
- 回転半径 ... 248
- 外力 ... 8
- 角運動量 ... 250
- 角加速度 ... 146
- 角速度 ... 143
- 角ねじの効率 ... 237
- 角力積 ... 250
- 下死点 ... 260
- 加速度 ... 10, 120
- 加速度系 ... 20
- 滑車 ... 224
- 慣性 ... 10
- 慣性系 ... 20
- 慣性の法則 ... 18
- 慣性モーメント ... 248
- 慣性力 ... 20, 154
- 完全弾性衝突 ... 176
- 完全非弾性衝突 ... 177
- 機械的エネルギー ... 206
- 機械の効率 ... 218
- 機械力学 ... 2
- 機構 ... 2
- 逆三角関数 ... 34
- 極座標 ... 108
- 偶力 ... 76
- 偶力のモーメント ... 76
- グラスホフの定理 ... 256
- クランク―レバ機構 ... 258
- 系 ... 20
- ゲージ圧 ... 267
- 撃力 ... 30
- ケネディの定理 ... 257
- 工業量 ... 6
- 向心加速度 ... 22, 164
- 向心力 ... 22
- 剛体 ... 13
- 抗力 ... 158
- 合力 ... 18, 50
- 弧度法 ... 36
- ころがり ... 184

277

ころがり抵抗	194
ころがり抵抗係数	194
ころがり摩擦係数	192
ころがり摩擦力	184

さ行

差圧	267
最大静摩擦力	185
差動滑車	226
作用・反作用の法則	18
三角関数	34
三角ねじの静摩擦係数	238
3瞬間中心の定理	257
時間積分	129
時間微分	128
仕事	26, 200
仕事率	26, 202
質点	12
質量中心	14
質量流量	270
斜面の効率	232
重心	14, 92
周速度	142
自由落下	130
重量	11
重量流量	270
重力	11
重力加速度	11
瞬間中心	257
衝撃	170
上死点	260
スカラー量	4
図心	94
ストローク	260

すべり摩擦力	184
静摩擦力	185
節	32
切削速度	142
接触力	9
絶対圧	267
全圧力	267
全水頭	271
相互作用	158
相対速度	114
速度	16, 111
速度交換	176
速度三角形	273
損失エネルギー	215

た行

体積流量	270
弾性エネルギー	208
弾性力	60
力の三要素	8
力の定義式	18, 150
力のモーメント	14, 74
張力	60
抵抗モーメント	192
てこ	222
等加速度運動	122
動摩擦角	187
動摩擦力	185
動力学	18
動力	26, 202
閉じた三角形	62
トルク	75

な行

- ねじ 236
- ねじの自立 242
- 熱量 219

は行

- パスカルの原理 268
- はね返り係数 176
- ばね定数 208
- 速さ 16, 110
- 早戻り運動 263
- 反発係数 176
- 反力 158
- 非慣性系 20
- 微小角の三角関数 37
- ピッチ 236
- 等しいベクトル 43
- 非保存力 212
- 物理量 4
- 負の仕事 26
- 負のベクトル 44
- 浮力 61
- プリンキピア 40
- 分力 62
- 並進 32
- ベクトルの三角形 44
- ベクトルの多角形 44
- ベクトルの平行四辺形 44
- ベクトル量 4
- ベルヌーイの定理 271
- 変位 108
- 変位ベクトル 108
- 放物運動 136

- 保存力 28

ま行

- 摩擦角 187
- 摩擦係数 186
- 摩擦力 60, 184
- 見かけの力 21

や行

- 融合 177
- 有効径 236
- 要素 32
- 揺動 32
- 揺動スライダークランク機構 262
- 4節リンク機構 32, 256

ら行

- rad 36
- リード角 236
- 力学的エネルギー 28
- 力学的エネルギー保存の法則 ...29, 209
- 力積 24, 170
- 両端支持はり 80
- 輪軸 223
- 連節法 259
- 連続の式 270

▍著者紹介

小峯 龍男

1953年生まれ、東京都出身
1977年東京電機大学工学部機械工学科卒業。
工学入門書、児童学習書監修など。

▍参考文献

「JSMEテキストシリーズ 機械工学のための力学」 日本機械学会
「わかりやすい機械教室 機械力学考え方解き方」 小山 十郎著 東京電機大学出版局
「グローバル機械工学シリーズ 機械力学 機構・運動・力学」 三浦 宏文著 朝倉書店
「絵とき 機械力学 基礎のきそ」 久保田 浪之介著 日刊工業新聞社
「ものがたり 機械工学史」 三輪 修三著 オーム社
「理工系の物理学＠Mathematica 力学」 小畑 修二著 東京電機大学出版局

装丁	中村友和（ROVARIS）
本文デザイン	トップスタジオ（徳田久美）
編集	トップスタジオ（大戸英樹）
DTP	トップスタジオ（宮﨑夏子）

ゼロからわかる機械力学入門
きかいりきがくにゅうもん

2017年2月25日 初版 第1刷発行

著 者	小峯龍男 こみねたつお	
発行者	片岡 巌	
発行所	株式会社技術評論社	
	東京都新宿区市谷左内町21-13	
	電話 03-3513-6150 販売促進部	
	03-3267-2270 書籍編集部	
印刷／製本	昭和情報プロセス株式会社	

定価はカバーに表示してあります。
本書の一部または全部を著作権法の定める範囲を超え、無断で複写、
転載、複製、テープ化、ファイルに落とすことを禁じます。

©2017 小峯龍男
ISBN978-4-7741-8657-3 C3053
Printed in Japan

■ ご注意

本書の内容に関するご質問は、下記の宛先までFAXか書面にてお願いいたします。お電話によるご質問および本書に記載されている内容以外のご質問にはいっさいお答えできません。あらかじめご了承ください。

〒162-0846
東京都新宿区市谷左内町21-13
(株)技術評論社 書籍編集部
「ゼロからわかる機械力学入門」係
FAX 03-3267-2271

造本には細心の注意を払っておりますが、万一、乱丁（ページの乱れ）や落丁（ページの抜け）がございましたら、小社の販売促進部までお送りください。送料小社負担にてお取り換えいたします。